★ Dessert Of Michelin Chefs ★

世界一流名廚的
米芝蓮甜點

U0111081

序 Preface

　　甜點是米其林〔米芝蓮〕餐廳中的一個類別，若要細分則可以延伸至整個烘焙領域，常見的有慕斯、布丁、糖果、盤式甜點，以及餐包等。在餐廳中，甜點也許不是「主角」，但卻是不可或缺的「配角」，新穎的設計、豐富的層次、細膩的裝飾、濃郁的口感，每一處都充滿驚喜，令人期待，每當食客享用完甜點後，嘴角都微微上揚，為精彩的美食饗宴畫上完美的句點。這或許就是甜點的迷人之處，最終的美味讓食客久久不能忘懷。

　　本書從米其林主廚們製作的甜點中挑選出 32 款精心獨創甜品及 13 款美味誘人糖果配方，鉅細靡遺的以專業角度，傳授各種關於甜點的知識與技巧，從食材準備、製作到組成……，每個步驟除了詳細的文字外，再搭配清楚易懂的全圖解，保證一看就懂。

　　完美的作品除了仰賴每個配方的獨特性外，書中更針對許多人在實際操作中可能會出現的問題以及常犯的錯誤，給予米其林主廚們不藏私的獨家訣竅，注意與掌握這些細節，不但能大幅提升甜點製作的成功率，更能帶來滿滿的成就感。

　　最後，特別感謝世界名廚學院法系院長 Jean-Francois Arnaud、日系院長和泉光一、中村勇、Sebastien Serveau、Jeremy Del Val、Jean-Marie Auboine 等多位老師對本書的指導，也衷心感謝來自世界各地的一百多位烘焙藝術大師對王森世界名廚中心的支持。

王森世界名廚學院

Contents

序 2

認識米其林〔米芝蓮〕
米其林餐廳的來源與發展 8

小蛋糕
碧根果塔 16
波普 19
專欄 備好工具，輕鬆做出完美淋面 24
伯爵濃情巧克力酥餅 26
草莓莫吉托巴巴 29
覆盆子開心果泡芙 33
專欄 零失敗！泡芙麵糊技巧大公開 37
花生球 38
焦糖蘋果蛋糕 42
栗子黑加侖塔 46
專欄 立即上手！塔派的製作要點 50
美味伊甸園 52
蒙布朗 56
檸檬甜酒蛋糕 59
皮埃蒙特巴巴 63
甜言蜜語 67
香草巧克力二重奏 71
窈窕淑女 76
椰林飄香 81
銀河蛋糕 86
榛果船形塔 91

大蛋糕
奧德賽 96
專欄 創造質感！噴砂的注意事項 100
別具一格 101
波拉波拉 106
波浪形蛋糕 111

橘子扁桃仁醬木紫蛋糕 116

卡布奇諾蛋糕 122

專欄 烘焙小知識！攪拌的多種表現手法 128

開心果蛋糕 130

歐西坦 133

巧克力旅行蛋糕 137

巧克力十足 140

青檸百香果椰子旅行蛋糕 145

熱帶風情蛋糕 147

香蕉占度亞蛋糕 151

專欄 烘焙小知識！蛋白霜的種類 154

杏桃幾何 156

巧克力 & 糖果

巧克力製作流程 162

香橙扁桃仁巧克力 166

香橙小荳蔻甘納許牛奶巧克力 168

專欄 巧克力的歷史發展 171

鹹焦糖巧克力棒 172

專欄 巧克力的主要成分 175

焦糖肉桂甘納許巧克力 176

專欄 巧克力的儲存 179

優格甘納許櫻桃果凍巧克力 180

專欄 巧克力的種類 183

雙果焦糖牛奶巧克力 184

專欄 手工巧克力常出現的問題 187

熱帶水果巧克力棒 188

百香果果凍棉花糖 191

芒果 & 百香果棉花糖 194

覆盆子罌粟棉花糖 196

甘草卷 199

薄荷香包拉糖糖果 201

榛果拉糖糖果 204

※ 書中括弧〔 〕的文字為香港用語。

認識米其林

About Michelin

米其林餐廳的來源與發展

1900 年，在法國的中部小城萊蒙費朗，米其林〔米芝蓮〕輪胎的創始人安德列·米其林和愛德華·米其林兄弟兩人為了推廣輪胎的銷售，鼓勵更多車主自駕旅行，同時為了在旅途中給車主們帶來更多便利，於是他們推出了第一本為汽車旅行設計的《米其林指南》〔《米芝蓮指南》〕，其中包含地圖、餐廳、加油站、旅館、汽車維修廠等沿途中可能會需要的資訊。一開始，這本指南類似於宣傳冊，直到 1908 年，米其林兄弟為了確保指南中提到的內容更加詳實，所以陸續換掉了裡面大量的廣告內容，精簡了這本指南的針對範圍，最後只集中在美食和餐廳上，出版了紅色《米其林指南》。

《米其林指南》伴隨著米其林輪胎的不斷發展，逐漸發行了許多國家的各種版本，1931 年正式推出了「米其林三星分級評選」的細則，評鑑餐廳的理由是：「值得你專門旅行去這家餐廳試一試」。

為《米其林指南》進行評審的評審員，採用匿名制，大部分都有豐富的烹飪藝術背景，並在評定前，須在法國接受正式的「米其林指南」培訓。

《米其林指南》被許多美食家們奉為圭臬，更成為主廚們畢生的追求，也大幅影響一家餐廳的經營業績，多一顆星，少一顆星，甚至會帶來百萬美元營業額的增長或下降。

★怎樣才能評爲米其林餐廳★

《米其林指南》的評定的基本流程：

★《米其林指南》評定的符號含義

米其林〔米芝蓮〕的評審十分苛刻，全世界目前也只有 100 多家米其林三星餐廳，如果能夠得到米其林的星級評價，則是對這家餐廳從料理到服務全方位的肯定，是每個廚師無上的榮譽。除了有星級評鑑，還包括餐廳「舒適度」的評分，會透過交叉的湯匙及叉子符號來表示。從「最高的 5 副到 1 副」來進行評定餐廳的舒適度。

五副叉匙：傳統風格的奢華
四副叉匙：頂級的舒適享受
三副叉匙：很舒適
二副叉匙：舒適
一副叉匙：尚算舒適

一顆星表示：同類飲食中不錯的餐廳。
兩顆星表示：較出色，值得繞道前往的優秀餐廳。
三顆星表示：出類拔萃的料理，值得專程造訪的餐廳。

★米其林餐廳與米其林甜點★

由於國際化的發展，西方的文化、思想等已經被我們所熟知，並潛移默化地影響著我們，西餐文化就是其中之一。因為西餐廳的優雅高貴，越來越多的人喜歡吃西餐，那麼在高檔的餐廳用餐時，出菜的順序及文化禮儀是最該了解的，同時，也是對廚師、食物的尊重。

一家獲得三星的米其林餐廳，除了對味道的完美追求外，也會針對整體裝潢的風格、餐具的挑選、服務標準等細節進行諸多考量，全方位從視覺、嗅覺、味覺及聽覺上，讓顧客享受美食文化的薰陶。

甜點作為飲食文化中的點睛之筆，幾乎所有餐廳都有涉獵，為延長顧客味覺體驗的絕佳食物。當人的食慾已被主菜佔有時，甜點勢必要非常出色，才能激起新一輪的味蕾攻勢。

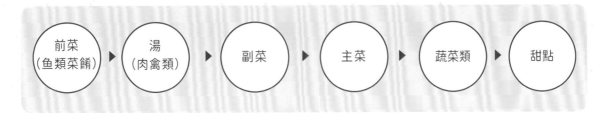

前菜（鱼類菜餚）▶ 湯（肉禽類）▶ 副菜 ▶ 主菜 ▶ 蔬菜類 ▶ 甜點

在米其林〔米芝蓮〕餐廳，由專業的甜點主廚進行製作設計，甜點多半為法式甜點為主，以奢華、精緻的造型呈現，外貌絢麗、創意時尚。擔任米其林餐廳甜點主廚的師傅，無論是技術，還是職業精神都是行業裡的代表，其中不乏世界甜點冠軍、法國甜點 MOF 等人。想成為一名米其林主廚，要具備以下的條件：

1‧精通國家語言

米其林餐廳大多數分布在國外，每天面對來自世界各地的客戶，為了順暢交流，語言是不可或缺的工具。加上每個主廚的成長過程，需要經歷許多師父的指導，還有持續增長自己的知識，這些都需要主廚不斷從各方面、各人群中吸收新的知識，因此要實現這些目的，語言交流是絕對重要的。

2‧細緻和嚴謹的操作

大多數的米其林餐廳採開放式廚房，所以桌面衛生必須乾淨整潔，不允許有任何汙漬。此外，因為米其林餐廳的特殊性，對於各種調味的配比一定要 100% 的精確。

3‧承受極大的精神壓力

一般情況下，米其林星級餐廳的廚師們需要長時間的站立工作，期間沒有充足的休息時間，加上料理必須不斷創新，無形中會帶給主廚們非常大的精神壓力，如果一家星級餐廳太久不換菜單，不創新料理，就有可能會被直接降級甚至摘牌。

4‧熱愛、堅持不懈的「匠人心」

米其林餐廳中的任何料理都需要主廚的責任心與精湛的技術能力，其日復一日的重複工作是基於主廚們對美食的不懈追求，如果沒有熱愛之心，堅持與創新都太過艱難。

★米其林甜點主廚們的製作細節展現★

▪ 時刻注意衛生與安全

無論製作過程多麼繁複，時間有多緊張，但是製作檯面和週邊環境都是乾淨的。大致呈現在以下幾個方面：

1‧在製作過程中，都把食品安全與衛生放在食品製作的第一位，其中涉及的內容有很多，包括食品保存期、食品的生熟分離、食品的氧化保護、食品的包裝、食品的盛裝器皿、食品製作所用的器具等等。例如：

- 與食物直接接觸的工具與器械乾淨，並在製作過程中隨時保持桌面整潔。（圖❶）
- 為了最大限度的阻隔產品與空氣的接觸，尤其是卡士達醬和液體淋面，需要貼面覆上保鮮膜。（圖❷）

2·在有可能出現髒亂的情況下，需要考慮的是有無避免這種情況發生的操作方法。例如：

- 隔著烘焙紙擀麵團，可以防止麵團沾黏桌面和擀麵棍，事後再對烘焙紙進行擦拭，即可重複使用。（圖❸）
- 任何粉類材料在與其他材料混合時，都需要進行過篩，防止粉類結團。（圖❹❺）

- 製作標準化

　　製作甜點的主要目的是為了販售，並滿足客戶的需求，達到理想的滿意度。而販售的對象是很多人時，在決定好價格的前提下，就需要針對每個甜點進行標準化處理，一般有以下幾個方法：

1·依靠工具：即便有多年的經驗，純手工的分割、定量也難達到機器的準確度，並且合適的機器會使製作效率大大提升。例如：

- 用合適的圈模在矽膠墊或烘焙紙上印上圖形印記，在上方可以將各種麵糊擠出固定的形狀。（圖❻）
- 五齒滾輪刀能夠進行任意比例的等分切割。（圖❼）
- 巧克力分割器（機）常用於軟質糖果的分割，效率高，可調節機器的切刀間距做出不同大小的糖果塊。（圖❽）
- 電子秤是用於重量分割和計量的主要工具。（圖❾）

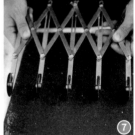

2．嚴格依照配方製作：在許多店面和餐廳中，產品名稱對應的不但是產品的形狀，也是產品的口味，口味因各種食材的組合和製作方式而改變，也和選用的食材品種有關係。所以在確定某個產品時，最好不要經常更換配方比例以及食材的選擇品種。

▪ 製作細節精細化

　　許多甜點大師的製作都有一個「不將就」的準則，要想製作出完美的作品，製作過程中的每一個點都要做到精細化處理。

1．單個步驟成品的外形調整、組合成品的層次分明。例如：

2．確定每種食材在某個產品中最適合的存在，或最大化突出、或最大化掩蓋、或最大化輔助等等。每種食材都有自己的獨特的口味和色彩，各種食材組合在一起，為了達到最心儀的口味，每種食材都有其特殊的意義。在製作時，需要根據產品的主題來確定每種食材最適合的方式。例如：

▪ 香草莢是烘焙中經常使用的材料，有時候可以整根放入甜點製作中，留香後再整根取出；也可以刮出香草莢中的籽放入醬汁中，不但香氣更濃，香草籽也能達到一定的裝飾作用，入口也有顆粒感。(圖⑩)

3．對產品製作中使用的食材以及工具有比較強的敏感度，能最大化利用每個工具和每個產品的特性。例如：

▪ 皮屑刨不但可以剝取果實的外皮屑，也具備打磨的功效。對塔皮等硬質產品的外形有整理的作用。除此之外，網篩也有這樣的功能。(圖⑪⑫)

▪ 慕斯圈模的大小各異，是慕斯等冷凍產品的常用模具，在脫模時，可以選用較小的支撐物放在蛋糕底部中心處，使慕斯邊緣懸空，配合火槍在邊緣加熱，即可輕鬆將模具去除。(圖⓭)

▪ 有總體布局的觀念

　　無論是在餐廳，還是店面製作，甜點主廚的工作不可能只面對一個產品的單個製作，他需要考慮每個人的工作量，以及確保每個產品能正常出品。

1‧材料、工具準備齊全。每做一個配方前，主廚們都會將所用的食材稱量好，放在不同的盛器中，見右圖。

2‧每個流程有清晰的製作計畫

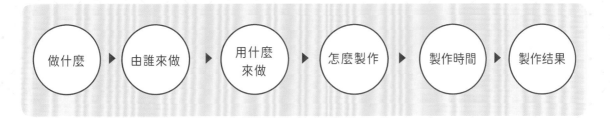

做什麼 ▶ 由誰來做 ▶ 用什麼來做 ▶ 怎麼製作 ▶ 製作時間 ▶ 製作結果

小蛋糕

Small cake

碧根果塔

碧根果是山核桃的一種，產於美洲，由於它的營養價值很高，所以被譽為長壽果。碧根果也是營養最高的零食，深受眾人喜歡。如果將碧根果運用在甜點中，會給味蕾帶來怎樣的驚喜呢？

配方名稱／類別	製作順序	預計時間	質地描述	口味描述
碧根果布列塔尼酥餅	前期製作	35 分鐘	麵團狀	堅果、酥脆
焦糖奶油	中期製作	30 分鐘	細膩的濃稠狀	微苦、奶香

碧根果布列塔尼酥餅

[配方]

奶油 (牛油)................165 克
細砂糖 ....150 克
精鹽.................................4 克
香草莢 (雲尼拿條).......半根
蛋黃.................................65 克
T55 麵粉....................220 克
泡打粉 ....6.5 克
碧根果碎......................90 克

[準備]

香草莢取籽。

[製作過程]

1. 將奶油、細砂糖、精鹽、香草籽倒入廚師機中,用扇形攪拌器快速打至微發狀態。
2. 加入蛋黃攪拌,在攪拌的過程中要不時用橡皮刮刀刮桶壁,使其攪拌均勻。
3. 加入過篩好的 T55 麵粉和泡打粉,慢速拌成團狀。
4. 加入碧根果碎拌勻,倒在烘焙紙上,並在上面蓋上一層烘焙紙,用擀麵棍擀至 1 公分厚,放冰箱冷藏一夜,使其定型後更好的裁切。
5. 第二天取出後,用刀切成長 9.5 公分、寬 3 公分的長條,塞進長 9.5 公分,寬 3 公分的模具中。
6. 放入烤箱以 160°C進行烘烤,在烘烤到 7 分鐘時,將烤盤轉向,再烤 8 分鐘,使整體上色均勻。

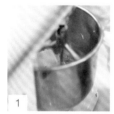

焦糖奶油

[配方]

牛奶............................300 克
香草莢 ....1 根 (取籽使用)
細砂糖 (1).....................90 克
細砂糖 (2).....................10 克
蛋黃.............................70 克
卡士達粉 (吉士粉).......25 克
可可脂 ....35 克
奶油.............................110 克
鹽之花 ....2 克
吉利丁片 (魚膠片)........2 克
水 ....14 克

[準備]

吉利丁片和 14 克水提前浸泡。奶油軟化。

[製作過程]

1. 將牛奶和香草籽放入鍋中加熱。
2. 將細砂糖 (2) 與蛋黃、卡士達粉混合,用打蛋器攪拌均勻。
3. 將細砂糖 (1) 取一半放在鍋中,融化拌勻後,再加入另一半做成焦糖。
4. 將煮好的步驟 1 分次加入到步驟 3 中,再加熱煮滾。
5. 將 1/3 的步驟 4 倒入步驟 2 中用打蛋器拌勻,再倒回鍋中煮滾,完成焦糖卡士達奶油。

6. 離火，降溫至 60℃，加入泡好的吉利丁片和可可脂，融化拌勻後冷卻至 40℃。

7. 加入軟化好的奶油，用均質機打勻。

8. 加入鹽之花拌勻，裝入裱花袋，擠到長 9.2 公分、高 1.8 公分、寬 3 公分模具中，用抹刀抹平，放入冷凍櫃冷凍。

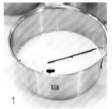

組合

[材料]

碧根果 .... 適量
香緹奶油 (香緹忌廉) .... 適量
鏡面果膠 .... 適量

[製作過程]

1. 將烤好的碧根果布列塔尼酥餅脫模，表面用小刀削平，將底部向上擺放在烤盤中。

2. 取出凍好的焦糖奶油脫模，擺放在塔底之上。

3. 將整個塔刷上一層鏡面果膠。

4. 在上方用直花嘴擠一條 S 形香緹奶油的裝飾花邊。

5. 均勻的在奶油側面點綴上 3 顆碧根果進行裝飾。

波 普

夾雜著杏子果凍的檸檬熱那亞餅底，柔軟濕潤口感豐富，透過煮滾萃取焦糖爆米花的香味，增加了焦糖奶油香濃醇厚的口感。當焦糖、奶油、巧克力這幾種元素相遇，必定會香氣濃郁、甜而不膩，讓人回味無窮。

配方名稱 / 類別	製作順序	預計時間	質地描述	口味描述
金黃巧克力淋面	前期製作	20 分鐘	順滑的流狀液體	奶香、微苦
檸檬熱那亞餅底	前期製作	25 分鐘	麵糊狀	微酸、扁桃仁香
杏桃凍	前期製作	15 分鐘	細膩的濃稠狀	酸、甜
奶油焦糖	前期製作	15 分鐘	顆粒狀	酥脆
焦糖爆米花奶油	中期製作	25 分鐘	細膩的濃稠狀	奶香、甜
焦糖爆米花慕斯	中期製作	25 分鐘	細膩的濃稠狀	奶香、絲滑
焦糖脆餅底	中期製作	30 分鐘	糊狀	酥脆
金黃巧克力絨面	後期製作	15 分鐘	順滑的流狀液體	微苦

檸檬熱那亞餅底

[配方]

扁桃仁膏....................160 克
檸檬汁.........................20 克
檸檬皮屑......................適量
全蛋............................100 克
奶油 (牛油)................50 克
T45 麵粉......................25 克
泡打粉...........................2 克
太白粉...........................7 克
檸檬利口酒....................7 克

[準備]

將奶油軟化成液態。將扁桃仁膏切丁。

[製作過程]

1. 將扁桃仁膏、檸檬汁和檸檬皮屑放入攪拌桶中，用扇形攪拌器攪拌均勻。
2. 加入全蛋，將扇形攪拌器換成球形攪拌器，攪拌均勻。
3. 加入過篩的 T45 麵粉、泡打粉和太白粉，用橡皮刮刀攪拌均勻。
4. 加入檸檬利口酒和奶油，用橡皮刮刀攪拌均勻。
5. 最後將步驟 4 倒入鋪了烘焙紙的烤盤中，用抹刀抹平，入烤箱以 200°C烘烤 10 分鐘。

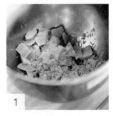    

杏桃凍

[配方]

杏桃果泥....................135 克
細砂糖.........................25 克
NH 果膠粉.....................3 克
香草莢 (雲尼拿條).......半根
檸檬汁...........................3 克

[準備]

將香草莢取籽。

[製作過程]

1. 將杏桃果泥放入鍋中，加熱煮滾。
2. 加入香草籽和檸檬汁，攪拌均勻。
3. 最後加入細砂糖和 NH 果膠粉的混合物，攪拌均勻備用。.

焦糖爆米花奶油

[配方]

牛奶..........................275 克
焦糖爆米花 (焦糖爆谷) 30 克
蛋黃..........................12 克
細砂糖........................12 克
卡士達粉 (吉士粉)........8 克
吉利丁粉 (魚膠粉)......10 克
水..............................60 克
奶油 (牛油)................65 克
精鹽............................1 克

[準備]

將吉利丁粉和水浸泡。將奶油切丁。

[製作過程]

1. 將牛奶和焦糖爆米花放入鍋中，加熱煮滾，用均質機攪拌均勻，包上保鮮膜，靜置 15 分鐘後，用錐形濾網過濾。
2. 將蛋黃、細砂糖和卡士達粉放入盆中，混合拌勻。
3. 將步驟 1 加熱，取一部分倒入步驟 2 中混合均勻，再倒回鍋中，繼續加熱煮滾。
4. 離火，加入精鹽和泡好的吉利丁粉，攪拌均勻。
5. 最後加入奶油，用均質機攪拌均勻，裝入裱花袋備用。

奶油焦糖 (用於焦糖脆餅底)

[配方]

白色翻糖膏...................75 克
葡萄糖漿.......................15 克
香草莢...........................半根
奶油.............................15 克

[準備]

將香草莢取籽。將奶油切丁。

[製作過程]

1. 將白色翻糖膏和葡萄糖漿放入鍋中，加熱至焦糖化。
2. 加入香草籽和奶油，用橡皮刮刀攪拌均勻。
3. 將煮好的步驟 2 倒在烘焙紙上，再蓋一張烘焙紙，用擀麵棍擀平。
4. 冷卻後，用牛角刀切碎，備用。

焦糖脆餅底

[配方]

牛奶巧克力 ....30 克
扁桃仁醬 ....75 克
奶油薄脆片 ....15 克
玉米脆片 ....30 克
奶油焦糖碎 ....30 克

[準備]

將牛奶巧克力融化。將扁桃仁醬加熱。

[製作過程]

1. 將牛奶巧克力和扁桃仁醬混合拌勻。
2. 加入奶油薄脆片、玉米脆片和奶油焦糖碎，混合拌勻。
3. 倒入鋪了烘焙紙的烤盤中，用抹刀抹平，放入冷凍櫃冷凍。
4. 取出脆餅底，用圈模壓出幾個圓形脆餅底，備用。

焦糖爆米花慕斯

[配方]

牛奶 ....160 克
焦糖爆米花 (焦糖爆谷) 40 克
蛋黃 ....120 克
細砂糖 ....30 克
吉利丁粉 (魚膠粉) ....8 克
水 ....48 克
動物性鮮奶油 ....320 克

[準備]

將吉利丁粉和水浸泡。

[製作過程]

1. 將牛奶和焦糖爆米花放入鍋中，加熱煮滾，用均質機攪拌均勻，包上保鮮膜，靜置 15 分鐘，用錐形濾網過濾。
2. 將蛋黃和細砂糖混合，攪拌至乳化發白。
3. 將步驟 1 加熱，取一部分加入步驟 2 中拌勻，再倒回鍋中，繼續加熱煮滾。
4. 離火，降溫至 80℃，放入泡好的吉利丁粉，攪拌均勻，降溫至 20℃。
5. 最後將動物性鮮奶油打發至乾性狀態，分次和步驟 4 攪拌均勻，裝入裱花袋備用。

金黃巧克力絨面

[配方]

杜絲金黃巧克力 ....200 克
可可脂 ....160 克

[製作過程]

1. 將可可脂放鍋中，加熱融化。
2. 倒入杜絲金黃巧克力中，攪拌融化。

金黃巧克力淋面

[配方]

杜絲金黃巧克力 ....300 克
吉利丁粉........................7 克
水 ....42 克
牛奶.............................115 克
動物性鮮奶油.............115 克
葡萄糖漿....................170 克

[準備]

將吉利丁粉和水浸泡。

[製作過程]

1. 將動物性鮮奶油、牛奶和葡萄糖漿放入鍋中，加熱煮滾。
2. 離火，加入杜絲金黃巧克力，用打蛋器攪拌均勻後，繼續加熱至 103℃。
3. 離火，加入泡好的吉利丁粉，攪拌融化，倒入量杯中，用均質機攪拌均勻，裝入裱花袋，備用。

組合

[材料]

巧克力圓片 ....適量
焦糖爆米花 ....適量

[製作過程]

1. 取出檸檬熱那亞餅底，將杏桃凍抹在餅底上，用抹刀抹平，再用圈模切出幾個圓形。
2. 將焦糖爆米花奶油擠入半球矽膠模中(8 分滿)，放上步驟 1 的餅底，壓緊，放入冷凍櫃冷凍成形。
3. 將焦糖爆米花慕斯擠入半球矽膠模中(8 分滿)，將步驟 2 取出，脫模，放入慕斯中，壓平，用抹刀將表面刮平。
4. 將圓形焦糖脆餅底放在步驟 3 的表面，輕輕按壓，用抹刀將表面刮平，放入冷凍櫃冷凍成形。
5. 取出步驟 4，脫模，將金黃巧克力絨面用噴槍均勻的噴在慕斯表面。
6. 將慕斯放在網架上，將金黃巧克力淋面擠在慕斯的一半即可。
7. 最後在慕斯頂端放上巧克力片和焦糖爆米花，點綴上金箔裝飾即可。

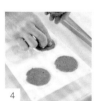

備好工具，輕鬆做出完美淋面

淋面是甜點中的一種裝飾，蛋糕做好後，將淋面醬淋到蛋糕表面，形成富有光澤感的塗層，不但瞬間提高蛋糕的顏質，也能增添口味的變化。

▶ **淋面必備工具：**

均質機、量杯（或較高鋼盆）、網架、烤盤、保鮮膜、烘焙紙。

▶ **工具使用的技巧：**

1、乳化混合──均質機＋量杯：最好選用細高的量杯，其高度能完全裝入淋面材料，並配合均質機的攪拌棒長度，使均質機的刀口能夠完全浸入到淋面中，不會冒出液面，也不會將淋面濺出量杯外。如液體狀態較濃稠，也可用較高的鋼盆代替量杯，高度要能完全裝入淋面材料。

2、淋面──網架＋烤盤＋烘焙紙：淋面時，在烤盤內鋪一層烘焙紙，並在上方加一個網架，將需要淋面的蛋糕放在網架上，進行淋面時，滴落的淋面透過網架滴落在烘焙紙中，不但可以保持衛生，也可以將掉落的淋面重新收起來再次使用。

3、保存──淋面＋保鮮膜：將淋面放在容器中，在表面貼上保鮮膜，使淋面與空氣接觸起膜，同時靜置時冒出的氣泡也能粘附在保鮮膜上，之後再去除保鮮膜，即可帶走氣泡。值得注意的是，如果保鮮膜沒有緊貼淋面，靜置時產生的水蒸氣會覆在保鮮膜上，等空氣冷凝後，會生成水珠，再次掉落在淋面上，使淋面表層產生一層水，很容易造成變質呦！

▶ **淋面時，一定要使用均質機的原因：**

1、乳化作用： 刀口鋒利且小，可以使材料相互融合，同時速度非常快，能減少氣泡的產生。

2、消泡作用： 因轉速非常快，刀口小的緣故，可以在極短的時間內破除小區域的氣泡，使淋面口感更加的順滑。值得注意的是，使用均質機攪拌的過程中，均質機一定不能提起來，如果刀口接觸到空氣，裡面的氣泡只會越攪越多。

　　千萬不可以使用電動攪拌機、打蛋器等，一來因為攪打的過程中會帶入更多的氣體，影響淋面的效果，二來力道不夠，不能使油性和水性材料完全乳化，如果想要更好的混合，就需要大量時間的攪拌，而在這個過程中，又會增加很多氣泡。

▶ **如何去除淋面中的氣泡：**

　　可以使用網篩進行消泡，在表面貼上一層保鮮膜，靜置一夜，內部的小氣泡會浮在表面的保鮮膜上，第二天撕開後，氣泡就會很自然地消除，加熱到適當的溫度即可使用。

★ MICHELIN ✕ DESSERT ★

伯爵濃情
巧克力酥餅

透過燜煮的方法將伯爵茶的香味融入其中，搭配獨特風味的巧克力酥餅，每一口都醇香絲滑，在光滑亮麗的外衣下，將香、酥、醇發揮得淋漓盡致，帶來視覺與味覺的雙重體驗。

配方名稱 / 類別	製作順序	預計時間	質地描述	口味描述
巧克力淋面	前期製作	30 分鐘	順滑的流狀液體	苦、甜、軟
巧克力奶油	中期製作	30 分鐘	細膩的濃稠狀	茶香、奶香
巧克力酥餅	後期製作	30 分鐘	麵糊狀	香脆

巧克力奶油

[配方]

牛奶.........................125 克
動物性鮮奶油...........125 克
細砂糖.......................45 克
伯爵茶葉...................10 克
蛋黃...........................40 克
黑巧克力...................130 克
牛奶巧克力.................50 克

[製作過程]

1. 將牛奶、動物性鮮奶油和伯爵茶葉放入鍋中，加熱煮滾，離火，包上保鮮膜，燜 15 分鐘（使茶香更好的保留）。
2. 用錐形網篩將步驟 1 過濾。
3. 將蛋黃和細砂糖放入盆中，用打蛋器攪拌至乳化發白。
4. 將步驟 2 取一部分加入到步驟 3 中拌勻，再倒回鍋中繼續加熱至煮滾。
5. 將步驟 4 分 3 次加入黑巧克力和牛奶巧克力混合物中，攪拌至巧克力融化，裝入裱花袋中。
6. 將步驟 5 擠入圓形矽膠模中，擠滿，用抹刀抹平表面，放入冷凍庫中冷凍成形。

巧克力酥餅

[配方]

奶油 (牛油)................95 克
細砂糖.......................35 克
扁桃仁粉...................35 克
蛋黃...........................15 克
低筋麵粉...................80 克
黑巧克力...................50 克
鹽之花.........................3 克

[準備]

將奶油軟化成膏狀。將巧克力融化。低筋麵粉進行過篩。

[製作過程]

1. 將軟化好的奶油和細砂糖加入盆中，用橡皮刮刀攪拌均勻。
2. 加入扁桃仁粉和蛋黃，用橡皮刮刀攪拌均勻。
3. 加入低筋麵粉，用橡皮刮刀攪拌均勻。

4. 然後加入融化好的巧克力，用橡皮刮刀攪拌均勻後，加入鹽之花拌勻，填入裝有裱花嘴的裱花袋中。

5. 在烤盤中鋪上帶有圓圈圖案的矽膠墊，再鋪一層烘焙紙，將步驟 4 從圓圈的中心往外繞圈，填滿圓圈即可，放入烤箱以 150℃烘烤 15 分鐘。

6. 出爐後，趁熱用圈模將餅底壓成圓形，冷卻備用。

巧克力淋面

[配方]

水 ....150 克
細砂糖 ....340 克
食用紅色色素...............適量
吉利丁片（魚膠片）......15 克
動物性鮮奶油.............220 克
葡萄糖漿....................120 克
可可粉 ....130 克

[準備]

將吉利丁片提前用水浸泡。

[製作過程]

1. 將水、紅色色素和細砂糖加入鍋中，用電磁爐加熱至 110℃，備用。

2. 將動物性鮮奶油和葡萄糖漿倒入另一個鍋中，加熱煮滾，加入可可粉，用打蛋器攪拌均勻。

3. 將步驟 1 分 3 次加入步驟 2 中，用橡皮刮刀攪拌均勻。

4. 最後加入泡好的吉利丁片，用均質機攪拌均勻，緊貼表面鋪一層保鮮膜備用。

組合

[材料]

蘭花.............................適量
金箔.............................適量

[製作過程]

1. 在金色底板上抹一點淋面（達到粘連的作用），將巧克力酥餅放在金色底板上，壓緊。

2. 取出巧克力奶油，脫模，放到網架上，將巧克力淋面均勻的淋在巧克力奶油的表面。

3. 用小的抹刀挑起步驟 2，放在巧克力酥餅的中間。

4. 用鑷子將蘭花在慕斯表面擺出一條線，放上金箔裝飾即可。

★ MICHELIN ✕ DESSERT ★

草莓莫吉托巴巴

擁有非常清新的青檸味道，薄荷浸泡後的香味，使白巧克力不甜膩，還有酸甜的草莓果泥夾雜其中，彷彿初戀青澀的甜蜜滋味。

配方名稱 / 類別	製作順序	預計時間	質地描述	口味描述
薄荷白巧克力打發甘納許	前期製作	20 分鐘	細膩的濃稠狀	清香
巴巴麵團	前期製作	40 分鐘	麵糊狀	Q 彈，奶香
草莓果泥	中期製作	20 分鐘	細膩的濃稠狀	酸甜
青檸蘭姆浸泡糖漿	後期製作	25 分鐘	液體	清香

巴巴麵團

[配方]

低筋麵粉....................195 克
精鹽.........................5 克
新鮮酵母....................11 克
全蛋.........................135 克
牛奶.........................90 克
奶油 (牛油)................45 克

[準備]

奶油放微波爐裡軟化成液態。

[製作過程]

1. 將過篩的低筋麵粉、精鹽、新鮮酵母、全蛋加入料理機中攪拌。
2. 邊攪拌邊慢慢的加入牛奶，攪拌均勻。
3. 再慢慢的加入液態的奶油，攪拌均勻。
4. 將攪拌好的步驟 3 裝入裱花袋中，填滿模具，約 35 克一個，放進發酵箱以 30℃發酵 1 小時，體積是原來體積的 2 倍大。
5. 在模具上面鋪一張烘焙紙，再蓋上一個烤盤，放入 180℃的烤箱，再降溫至 160℃烘烤 20 分鐘。出爐，脫模，再放進 160℃的烤箱烘烤 5 分鐘，使整體都上色，取出後用圈模將多餘的邊修掉。

主廚訣竅

1．奶油在使用前要保持 30℃的液態。攪拌完成後的溫度不要超過 35℃，否則會影響酵母的發酵。在攪拌的過程中，最好能三不五時的停下機器，用橡皮刮刀將底部刮一下，可使麵糊攪拌得更加均勻。

2．烘烤前在表面鋪上一層烘焙紙，再蓋上一個烤盤，可使蛋糕定型，烤好後還是一個圓柱體。

3．放入烤箱調至 180℃，進去後就降到 160℃，是爲了防止酵母再進行發酵，放入烤箱時是高溫，能快速的使蛋糕定型，抑制酵母發酵使體積增大。

青檸蘭姆浸泡糖漿

[配方]

水 ....750 克
金黃砂糖....................300 克
蘭姆酒（白）.............200 克
青檸 3 個（刨皮，取汁使用）

[製作過程]

1. 將水和金黃砂糖倒在鍋中煮開。
2. 離火，加入青檸皮浸泡 10 分鐘。
3. 將步驟 2 用錐形網篩過濾到盆中，加入蘭姆酒和青檸汁拌勻，冷卻至 50℃左右使用。

草莓果泥

[配方]

草莓果泥....................250 克
細砂糖 ....30 克
NH 果膠粉 ....4 克
青檸汁 ....40 克

[製作過程]

1. 將草莓果泥倒入鍋中加熱到 30℃～ 40℃。
2. 將細砂糖與 NH 果膠粉的混合物邊攪拌邊加入鍋中拌勻。
3. 煮滾後離火加入檸檬汁拌勻，倒入碗中，包上保鮮膜，冷藏 2 小時後使用。

主廚訣竅

冷藏保存 2 小時可使 NH 果膠粉充分的發揮作用。

薄荷白巧克力打發甘納許 (Ganache)

[配方]

動物性鮮奶油.............350 克
轉化糖漿.......................10 克
薄荷............................20 克
白巧克力....................160 克

[準備]

將白巧克力融化。

[製作過程]

1. 將動物性鮮奶油和轉化糖漿倒入鍋中加熱煮滾。
2. 加入薄荷，用保鮮膜緊貼表面浸泡 10 分鐘。
3. 用錐形網篩將步驟 2 過濾，加入白巧克力中拌勻（因為量少，不足以將巧克力充分的融化），放入冰箱冷藏 6 小時以上，再拿出來打發。

組合

[材料]

草莓..........................適量
巧克力棒......................適量
金箔..........................適量

[製作過程]

1. 烤好的巴巴麵團用模具去除邊角料，放在青檸蘭姆浸泡糖漿中浸泡6分鐘翻面，再浸泡10分鐘，使巴巴麵團整體膨脹，再放在網架上瀝乾水分。
2. 用直徑約為1.5公分的圓筒在巴巴麵團中間壓出空洞。
3. 將草莓果泥裝入裱花袋，擠入步驟2的空洞中。
4. 將薄荷白巧克力打發甘納許填入裝有密鋸齒花嘴的裱花袋中，在巴巴麵團上面擠出螺旋狀。
5. 將草莓洗淨切半，在上方旋轉擺放3個，再放上3條巧克力棒，中間點綴上金箔裝飾即可。

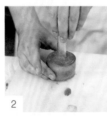

覆盆子
開心果泡芙

酥酥脆脆的外殼、絲滑如緞的豐富內餡，
咬下一口泡芙，甜蜜漫上心頭。不一樣的口感
與造型，也會呈現出不一樣的味道與驚喜。

配方名稱 / 類別	製作順序	預計時間	質地描述	口味描述
奶油酥餅	前期製作	25 分鐘	麵團	酥脆
泡芙脆皮麵團	前期製作	20 分鐘	麵團	酥脆
泡芙麵糊	中期製作	35 分鐘	細膩的濃稠狀	柔軟、濕潤
覆盆子凍	中期製作	15 分鐘	濃稠有顆粒	酸、甜
開心果卡士達奶油	後期製作	20 分鐘	細膩的濃稠狀	開心果香、奶香
開心果外交官奶油	後期製作	20 分鐘	細膩的濃稠狀	開心果香、奶香

奶油酥餅

[配方]

奶油 (牛油)...............100 克
鹽 ....1 克
糖粉.........................55 克
蛋黃.........................10 克
低筋麵粉....................125 克
香草莢 (雲尼拿條) ....半根

[準備]

將香草莢取籽。將奶油切丁。

[製作過程]

1. 將奶油、鹽、糖粉和香草籽放入廚師機中，攪拌均勻。
2. 加入蛋黃和低筋麵粉，攪拌均勻。
3. 取出麵團，放在操作臺，用擀麵棍擀成麵皮，放入冷凍庫冷凍約 5 分鐘，使其定型後更好按壓。
4. 取出麵皮，放上模型，用水果刀切出形狀，放入烤箱以 160℃ 烘烤 20 分鐘。

泡芙脆皮麵團

[配方]

奶油..........................75 克
金黃砂糖......................90 克
低筋麵粉......................90 克
香草莢 ....半根

[準備]

將香草莢取籽。將奶油切丁。

[製作過程]

1. 將所有的材料放入廚師機中，用扇形攪拌器攪拌均勻。
2. 取出麵團，用擀麵棍擀薄（厚薄均勻），放入冷凍庫冷凍約 5 分鐘，使其定型後更好按壓。
3. 取出麵皮，用圈模切出圓形，備用。

泡芙麵糊

[配方]

牛奶..........................125 克
水 ....125 克
奶油..........................125 克
鹽 ....4 克
低筋麵粉.....................140 克
全蛋..........................200 克

[準備]

將奶油軟化。

[製作過程]

1. 將牛奶、水、奶油和鹽加入鍋中，加熱煮滾。
2. 離火，加入過篩的低筋麵粉，用橡皮刮刀攪拌均勻。
3. 將步驟 2 放入廚師機中，用扇形攪拌器攪拌，分次加入全蛋，攪拌均勻。
4. 將麵糊填入裝有圓形花嘴的裱花袋中，在烤盤中擠出幾個圓形麵糊，在頂端放上泡芙脆皮麵團，放入烤箱以上火 160℃，下火 160℃烘烤 20 分鐘。

覆盆子凍

[配方]

覆盆子果泥 ....300 克
新鮮覆盆子 ....300 克
細砂糖 ....80 克
NH 果膠粉 ....8 克

[製作過程]

1. 將覆盆子果泥和新鮮覆盆子放入鍋中，用均質機攪拌均勻。
2. 加入細砂糖和 NH 果膠粉的混合物，用打蛋器攪拌均勻，加熱至 102℃，冷卻，裝入裱花袋，備用。

開心果卡士達奶油

[配方]

吉利丁粉（魚膠粉）........6 克
水 ....42 克
牛奶..........................200 克
動物性鮮奶油...............50 克
開心果泥.....................50 克
蛋黃.............................60 克
細砂糖 ....50 克
卡士達粉（吉士粉）......30 克

[準備]

將吉利丁粉和水浸泡。

[製作過程]

1. 將牛奶和動物性鮮奶油倒入鍋中，用電磁爐加熱。
2. 加入開心果泥，攪拌均勻。
3. 將蛋黃、細砂糖和卡士達粉混合，用打蛋器攪拌均勻。
4. 將步驟 2 取一部分加入步驟 3 中拌勻後，倒回鍋中加熱煮滾。

5. 離火，降溫至 80℃，加入泡好的吉利丁粉，用打蛋器攪拌均勻，倒入鋪有保鮮膜的烤盤中，用保鮮膜包好，放入冰箱冷藏，備用。

開心果外交官奶油

[配方]

開心果卡士達奶油......370 克
打發動物性鮮奶油......250 克

[製作過程]

1. 將開心果卡士達奶油放入廚師機中，攪拌均勻。
2. 分次加入打發動物性鮮奶油，用橡皮刮刀以翻拌的手法拌勻，填入裝有鋸齒花嘴的裱花袋中，備用。

組合

[材料]

紅色巧克力圓片 ....適量
新鮮覆盆子 ....適量
金箔............................適量

[製作過程]

1. 取出泡芙，用刀橫著將泡芙頂端和底部切開，一分為二。
2. 將覆盆子凍擠在泡芙底部。
3. 在覆盆子凍上方擠上開心果外交官奶油，呈螺旋狀。
4. 將切下來的泡芙頂端篩上糖粉，放到步驟 3 上面。
5. 取出黃金酥餅，篩上糖粉，放上紅色巧克力圓片。
6. 在步驟 5 上放一個組合好的泡芙，將新鮮覆盆子切成圓圈，放到泡芙的頂端，再擠上覆盆子凍，放上金箔即可。

零失敗！泡芙麵糊技巧大公開

　　泡芙是在麵糊內側產生如氣球般的膨脹，同時保持這個膨脹的形狀烘烤而成。泡芙最大特徵就是內部的空洞，是因為麵糊所含的水分在烤箱中因熱度變成水蒸氣，蒸氣的力量由麵糊的內側向外推擠，使麵糊膨脹鼓起而成。

▶製作泡芙的訣竅

1、一定要將麵粉燙熟

　　麵粉必須過篩，使麵粉中沒有顆粒；燙製麵糊時，要充分攪拌均勻，不能有乾粉產生；調製麵糊時，要注意使麵粉完全燙熱，燙透，用打蛋器不斷攪拌防止鍋糊底。

2、麵糊的乾濕程度適中

　　麵糊太濕，泡芙不容易烤乾，也不容易保持形狀，烤出來的泡芙偏扁，表皮不酥脆，容易塌陷。

　　麵糊太乾，泡芙膨脹力道減小，膨脹體積不大，表皮較厚，內部空洞小。所以，在製作泡芙麵團時，一定要將雞蛋分次加入麵糊中，當麵糊攪拌時手感變重，這時可以用打蛋器撈起麵糊，檢查狀態。如果垂下的麵糊邊緣呈鋸齒狀，就表示太硬，還要再加些蛋液，將泡芙麵團提起約3秒鐘開始落下，麵糊呈倒三角光滑狀，尖端離底部4cm左右即可。

3、調整泡芙形狀

　　擠出的麵糊如有小角立起，會在膨脹時形成突起，容易烤焦。最好用叉子沾上水，再在泡芙表面將小角輕輕按平，保持形狀。

4‧正確的烘烤溫度和時間

　　泡芙烘烤的溫度和時間也非常關鍵。可以一開始先用210℃的高溫烤焙，使泡芙內部的水蒸氣迅速爆發出來，讓麵團膨脹。待膨脹定型以後，改用180℃，將泡芙的水分烤乾，泡芙出爐後才不會塌下去，烤至表面黃褐色即可出爐。烘烤的過程中，一定不能打開烤箱，因為膨脹中的泡芙如果溫度驟降，會塌陷。

★ MICHELIN ✕ DESSERT ★

花生球

布朗尼蛋糕是一款經典不衰的小甜點，口感介於餅乾和蛋糕之間，巧克力夾雜著堅果的香脆，再搭配香濃的花生奶油，每一口都是滿滿的醇香，雖然沒有花俏的外表，卻散發著無限的誘惑，讓人欲罷不能。

配方名稱／類別	製作順序	預計時間	質地描述	口味描述
花生奶油	前期製作	30 分鐘	細膩的濃稠狀	奶香、花生味
布朗尼餅底	前期製作	30 分鐘	麵糊狀	微苦
46% 牛奶巧克力慕斯	中期製作	30 分鐘	細膩的濃稠狀	奶香
奶油焦糖	中期製作	25 分鐘	細膩的濃稠狀	微苦、奶香
巧克力扁桃仁糊	後期製作	20 分鐘	顆粒狀	甜、酥脆

布朗尼餅底

[配方]

蛋黃............................40 克
細砂糖(1)....................50 克
金黃砂糖......................65 克
奶油 (牛油)...............115 克
蛋白............................60 克
細砂糖(2)....................10 克
70% 圭那亞黑巧克力 ...60 克
低筋麵粉......................25 克
可可粉..........................8 克
碧根果..........................25 克
花生............................30 克

[準備]

奶油提前軟化。將碧根果和花生一起切碎，做成乾果碎備用。低筋粉、可可粉過篩。

[製作過程]

1. 將蛋黃、細砂糖(1) 、金黃砂糖一起倒入廚師機中，攪拌均勻。
2. 蛋白和細砂糖(2)混合，用打蛋器打發，加入乾果碎混合均勻。
3. 將軟化好的奶油倒入步驟 1 中拌勻，再將黑巧克力融化，加入拌勻。
4. 再將過篩的粉類材料加入步驟 1 中拌勻。
5. 將步驟 2 分次加入步驟 4 中，用橡皮刮刀以翻拌的手法拌勻。
6. 將步驟 5 填入矽膠模中（圓柱型），放入烤箱以 150℃烘烤 15 分鐘。

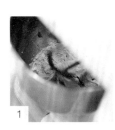
1

2

3

4

5

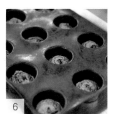
6

花生奶油

[配方]

牛奶.........................190 克
蛋黃............................25 克
細砂糖.........................25 克
卡士達粉 (吉士粉)......10 克
花生醬.........................55 克
奶油 (牛油).................55 克
吉利丁粉 (魚膠粉).....1.5 克
水............................10.5 克

[準備]

吉利丁粉和 10.5 克的水提前浸泡。奶油提前軟化。

[製作過程]

1. 將牛奶放入鍋中加熱，再將蛋黃、細砂糖、卡士達粉攪拌均勻，先將一部分的牛奶加入到混合物中拌勻，再倒回鍋中加熱到 85℃，完成卡士達奶油。再加入泡好的吉利丁粉，融化拌勻。
2. 加入花生醬拌勻，冷卻至 40℃。
3. 加入奶油，用均質機攪打均勻。
4. 將步驟 3 擠入直徑為 3 公分的半球矽膠模中，放入冷凍庫，凍好後，脫模，拼成一個圓球，備用。

1 2 3 4

46% 牛奶巧克力慕斯

[配方]

蛋黃............................25 克
細砂糖...........................5 克
牛奶..........................125 克
吉利丁片 (魚膠片)........2 克
水.............................14 克
牛奶巧克力.................230 克
動物性鮮奶油.............225 克

[準備]

吉利丁片和 14 克的水提前浸泡。

[製作過程]

1. 先將蛋黃和細砂糖混合拌勻，再將牛奶倒入鍋中煮滾，取一部分牛奶倒入蛋黃混合物中拌勻，再倒回鍋中拌勻，繼續加熱到 85℃。
2. 離火，降溫，加入泡好的吉利丁片，融化拌勻。
3. 將牛奶巧克力融化，分次加入步驟 2 中，用橡皮刮刀攪拌均勻。
4. 最後將動物性鮮奶油打發，分次加入步驟 3 中拌勻即可。

1 1-2 1-3

2 3 4

奶油焦糖

[配方]

細砂糖 ....250 克
動物性鮮奶油............500 克
鹽之花 ....3 克

[製作過程]

1. 先將細砂糖分次加入鍋中融化，用橡皮刮刀攪拌，做成焦糖。
2. 在另一個鍋中加入動物性鮮奶油，煮至沸騰，分次加入步驟 1 中拌勻，再煮到 106℃。
3. 最後加入鹽之花，用均質機打至均勻，保鮮膜密封，冷藏保存。

巧克力扁桃仁糊

[配方]

牛奶巧克力 ....500 克
可可脂 ....50 克
葡萄籽油......................30 克
扁桃仁碎....................150 克

[準備]

吉利丁粉和 10.5 克的水提前浸泡。奶油提前軟化。

[製作過程]

1. 先將牛奶巧克力、可可脂、葡萄籽油一起加入鍋中，融化拌勻。
2. 加入烤好的扁桃仁碎，用橡皮刮刀拌勻即可。

組合

[材料]

花生.............................適量
裝飾用巧克力圓片.........適量
金粉.............................適量

[製作過程]

1. 在大的圓形矽膠模中擠入一半的牛奶巧克力慕斯，再把拼成圓球的花生奶油放置在中間，稍微的壓一下，再蓋上另一半模具，用裝有花嘴的裱花袋將牛奶巧克力慕斯擠進去，千萬不要有縫隙（如果出現縫隙可以用牙籤輔助，也可以留下一些牛奶巧克力慕斯，脫模後用來填補）。
2. 用圓形的圈模將布朗尼餅底的中心壓出一個空洞，在中間擠上奶油焦糖，放入花生粒，再蓋上一層奶油焦糖。
3. 在提前準備好的巧克力片的表面刷一層金粉，擺放在布朗尼餅底上，做裝飾。
4. 取出步驟 1 脫模，用牙籤插入步驟 1 中後，在巧克力扁桃仁糊中滾動一圈，使表面沾滿巧克力扁桃仁糊。
5. 將步驟 4 放在步驟 3 上，取出牙籤，在牙籤洞上沾一點巧克力（達到黏合的作用），放上半顆沾了金粉的花生即可。

  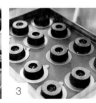 

焦糖蘋果蛋糕

人生充滿各種未知的遇見，就像焦糖與奶油的精彩結合，口味與營養都恰到好處，還有外形獨特的蘋果外殼包裹，在它的外衣下，還隱藏著多少的祕密呢？一定有很多的驚喜等著你去探尋！

配方名稱 / 類別	製作順序	預計時間	質地描述	口味描述
煎蘋果	前期製作	30 分鐘	顆粒狀	甜
蜂蜜軟餅底	前期製作	25 分鐘	麵糊	柔軟、甜
焦糖奶油	中期製作	20 分鐘	細膩的濃稠狀	奶香、微苦
鹹焦糖奶油輕奶油	中期製作	20 分鐘	細膩的濃稠狀	奶香、微苦
蜂蜜打發奶油	後期製作	15 分鐘	細膩的濃稠狀	甜、奶香

煎蘋果

[配方]

蘋果..........................450 克
細砂糖(1)....................45 克
NH 果膠粉 ....8 克
細砂糖(2)....................10 克
蘋果白蘭地 ....35 克
蜂蜜...........................22 克
水 ....適量

[準備]

將蘋果去皮，去核，切丁。

[製作過程]

1. 將水、細砂糖(1)放入鍋中，加熱煮至焦糖化。
2. 加入切丁的蘋果，用橡皮刮刀翻炒，使蘋果丁上色。
3. 將細砂糖(2)和 NH 果膠粉混合物加入鍋中，攪拌均勻。
4. 最後加入白蘭地和蜂蜜，攪拌均勻。
5. 用湯匙將步驟 4 放入半球形模具中，使蘋果緊貼模具，形成薄厚均勻的一層殼，放入冷凍庫冷凍成形。

焦糖奶油

[配方]

細砂糖 ....175 克
動物性鮮奶油.............300 克
葡萄糖漿 ....15 克
奶油 (牛油) ....65 克
香草莢 (雲尼拿條) ......14 克
吉利丁粉 (魚膠粉) ....2 克
水 ....14 克
鹽之花 ....1 克

[準備]

將吉利丁粉和水浸泡。將奶油切塊。

[製作過程]

1. 將細砂糖放入鍋中，加熱煮成焦糖。
2. 將動物性鮮奶油用微波爐加熱，分次加入步驟 1 中，攪拌均勻，倒入量杯中。
3. 將奶油和葡萄糖漿倒入量杯，用均質機攪拌均勻。
4. 加入鹽之花和泡好的吉利丁粉，攪拌均勻備用。

鹹焦糖輕奶油

[配方]

焦糖奶油....................200 克
打發動物性鮮奶油......200 克

[製作過程]

1. 將所有材料混合，攪拌均勻，裝入裱花袋，備用。

蜂蜜軟餅底

[配方]

全蛋............................60 克
細砂糖(1) ....30 克
百花蜜 ....25 克
扁桃仁粉 ....25 克
T45 麵粉 ....45 克
葵花油 ....65 克
蛋白............................90 克
細砂糖 (2) ....30 克
黃檸檬皮屑 ....適量

[製作過程]

1. 將全蛋、細砂糖(1) 、百花蜜和黃檸檬皮屑放入廚師機中，快速攪拌均勻。
2. 將扁桃仁粉和 T45 麵粉加入步驟 1 中，攪拌均勻後，加入葵花油，用橡皮刮刀攪拌均勻。
3. 將蛋白和細砂糖(2) 放入廚師機中，打發至乾性狀態。

主廚訣竅

百花蜜是蜂蜜的一種。

4. 將步驟 3 加入步驟 2 中，用橡皮刮刀以翻拌的手法拌勻。

5. 將麵糊倒入鋪有烘焙紙的烤盤中，用抹刀抹平，放入烤箱以 180°C烘烤 10 分鐘。

6. 出爐，冷卻，用圈模切出圓形餅底，備用。

蜂蜜打發奶油

[配方]

動物性鮮奶油.............200 克
蜂蜜.............................30 克

[製作過程]

1. 將動物性鮮奶油倒入廚師機中，打發至乾性狀態，加入蜂蜜攪拌均勻備用。

組合

[材料]

巧克力半球空心殼.........適量
巧克力厚圓片................適量
巧克力薄圓片................適量

[製作過程]

1. 將巧克力厚圓片黏在金色底板的中心，將巧克力半球空心殼的缺口朝上沾在圓片上，形成一個杯子的形狀。

2. 將鹹焦糖輕奶油擠入步驟 1 中(9 分滿)，再放上切成圓形的蜂蜜軟餅底，輕輕壓緊。

3. 取出煎蘋果(不脫模)，將蜂蜜打發奶油裝入裱花袋，擠入煎蘋果的空心殼中，放入冷凍庫冷凍。

4. 取出步驟 3，脫模，缺口朝下放在步驟 2 的巧克力半球空心殼上，組成一個圓球。

5. 最後將巧克力薄圓片放在步驟 4 的頂端，擠上蜂蜜打發奶油，放上金箔裝飾即可。

★ MICHELIN ✕ DESSERT ★

栗子黑加侖塔

酸甜的黑加侖與栗子奶油濃烈的香氣相鋪相成，尤為獨特，偶然間一粒糖漬栗子在順滑的奶油中驚喜呈現，栗香甘甜細膩，餘味中一抹黑加侖的酸甜滋味自舌尖綻放！咬下一口，心都會融化。

配方名稱 / 類別	製作順序	預計時間	質地描述	口味描述
黑加侖凍	前期製作	20 分鐘	細膩的濃稠狀	酸甜
栗子奶油	前期製作	30 分鐘	細膩的濃稠狀	奶香、栗子味
甜酥麵團	中期製作	30 分鐘	麵團狀	香、酥脆
栗子扁桃仁奶油	後期製作	25 分鐘	細膩的濃稠狀	奶香、栗子味
栗子泥	後期製作	20 分鐘	細膩的濃稠狀	栗子味

甜酥麵團(4 吋小圓圈模)

[配方]

奶油 (牛油)...............240 克
糖粉...........................180 克
精鹽.............................4 克
扁桃仁粉.......................60 克
T55 麵粉....................470 克
全蛋...........................100 克

[準備]

扁桃仁粉和 T55 麵粉過篩。

[製作過程]

1. 將奶油、細砂糖粉、精鹽倒入廚師機中，用扇形攪拌器快速打至微發狀。
2. 加入全蛋攪拌，在攪拌的過程中不時用橡皮刮刀刮桶壁，使其攪拌均勻。
3. 加入過篩好的粉類材料，慢速拌成團後，倒在鋪有烘焙紙的烤盤中，用擀麵棍擀成約 0.5 公分厚，並在上面蓋上一層烘焙紙，冷藏一夜。取出，用比模具大 2 公分的圈模壓出圓餅，再捏入到模具中，用小刀削掉多餘部分，放在帶孔的矽膠墊上，放入冷凍庫，鬆弛 20 分鐘，入烤箱以 155°C烘烤 10 分鐘。

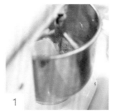

1　　2　　3　　3-2

栗子扁桃仁奶油

[配方]

奶油............................75 克
糖粉............................75 克
扁桃仁粉.......................75 克
卡士達粉 (吉士粉)........7 克
全蛋............................55 克
動物性鮮奶油..............85 克
栗子餡.........................30 克

[製作過程]

1. 將栗子餡用微波爐加熱，稍微軟化，與動物性鮮奶油混合用均質機打勻。
2. 將糖粉加入軟化的奶油中，用打蛋器拌勻。
3. 加入過篩的扁桃仁粉和卡士達粉用打蛋器拌勻。
4. 再加入全蛋液用打蛋器攪拌均勻。將步驟 1 和步驟 4 混合拌勻，裝入裱花袋中備用。

[準備]

奶油提前軟化。

1　　2　　3　　4

黑加侖凍

[配方]

黑加侖果泥 ....340 克
水 ....90 克
細砂糖 ....55 克
NH 果膠粉 ....5 克

[製作過程]

1. 將黑加侖果泥和水一起加入鍋中，加熱到 30℃，邊攪拌邊加入細砂糖和 NH 果膠粉的混合物，煮至沸騰。
2. 在每個矽膠模 (橢圓形) 中擠入約 5 克的步驟 1，輕輕震平，放入冷凍庫冷凍，剩餘的備用。

栗子奶油

[配方]

全脂牛奶 ....200 克
香草莢 (雲尼拿條) ....1 根
蛋黃 ....50 克
細砂糖 ....20 克
卡士達粉 (吉士粉) ......15 克
吉利丁片 (魚膠片) ....4 克
水 ....28 克
栗子抹醬 ....50 克
栗子餡 ....75 克
聖詹姆士蘭姆酒 ....15 克
奶油 (牛油) ....75 克

[準備]

吉利丁片和 28 克的水提前浸泡。香草莢取籽。將奶油切丁軟化。

[製作過程]

1. 將牛奶和香草籽加入鍋中，煮滾。
2. 將蛋黃和細砂糖混合，用打蛋器打至乳化發白。
3. 將一部分步驟 1 倒入步驟 2 中拌勻，再倒回鍋中，拌勻煮滾。
4. 離火，降溫，加入泡好的吉利丁片，融化拌勻。
5. 加入栗子抹醬、栗子餡、聖詹姆士蘭姆酒的混合物拌勻，降溫至 40℃。
6. 最後加入軟化好的奶油，用均質機充分的打勻，裝入滴壺中，擠入黑加侖凍中，繼續冷凍凍硬。

栗子泥

[配方]

水 ....40 克
細砂糖 ....45 克
栗子餡 ....260 克
蘭姆酒 ....7 克
栗子抹醬 ....135 克

[製作過程]

1. 將水和細砂糖放入鍋中，煮至沸騰。
2. 將栗子餡放入廚師機中，用扇形攪拌器慢速打軟，再慢慢的倒入煮滾的步驟 1 中拌勻，再加入蘭姆酒和栗子抹醬拌勻即可，裝入裱花袋備用。

組合

[材料]

糖漬栗子.......................適量
金箔.............................適量

[製作過程]

1. 在甜酥麵團中，擠入栗子扁桃仁奶油，放入烤箱以 165°C 烘烤 15 分鐘。
2. 出爐後冷卻，在步驟 1 表面擠上剩餘黑加侖凍抹勻。
3. 將凍好的黑加侖凍和栗子奶油脫模，用小的抹刀將它擺放在頂端位置。
4. 在步驟 3 四周擠上栗子泥。
5. 頂端裝飾上一小塊糖漬栗子，點綴上金箔即可。

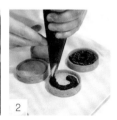

立即上手！塔派的製作要點

　　塔、派麵團是混合了奶油(牛油)、糖粉、雞蛋、低筋麵粉，充分揉搓後製作而成的。因製作方法和材料不同，可以分成基本酥麵團和甜酥麵團。不添加糖類將切成小塊的奶油揉搓至低筋麵粉中，是基本酥麵團。加入了糖類，與柔軟的奶油揉搓而成的是甜酥麵團。不管哪一種都要放入塔模中透過烘烤做為塔類或餡餅類糕點的基底。

▶麵團中材料的作用

低筋麵粉：隨著烤箱內熱度的升高，麵粉粒會吸收雞蛋的水分而糊化，形成塔皮的主要部分。

糖類：具有很強的吸水性，在調製麵團時，糖會迅速奪取麵團中的水分，進而限制麵筋蛋白的吸水和麵筋的形成。

雞蛋：雞蛋是製作塔派常用的輔助材料，能增加甜塔皮的延展性與緊密度，讓塔皮比較容易擀開，還可以使製作出來的成品變得膨脹、鬆軟。

奶油：製作塔派時加入油脂，對於麵團調製、口感營造和色澤呈現等都有很大的關係。

▶製作塔派的訣竅

1・將雞蛋加入油酥中時，要分次加入，如果一次性加入容易出現油水分離的狀態。

2・在擀好的麵團上撒少許麵粉，不要撒太多，以免麵團不易附著在模具上。用毛刷刷去多餘的麵粉後，把麵團輕輕地捲在擀麵棍上，抬起擀麵棍，將麵團放在模具中央，輕輕地把麵團往下按，緊貼模具內壁和底部（如果使用的是塔圈，麵團就要緊貼烤盤底部）。確保麵團與模具的內壁和底部（或烤盤底部）之間沒有空隙。

如果麵團沒有完全與模具的內壁和底部（或烤盤）緊貼，而在邊角處留有空隙，在烘焙過程中內壁上的麵團就會下滑，導致塔皮側面的高度不一致。

3‧用刀把模具邊緣多餘的麵團切掉,並在底部的麵團中戳洞,防止塔模底部鼓起。

4‧加入糖粉時用刮板以切拌的方式將糖粉拌勻,不要反覆擀至揉搓, 以免麵團油脂出油,麵團裂開,烘烤後產生成品收縮,口感硬的情況。

5‧盡量避免麵團的重覆使用,如果重覆揉合、重新擀開太多次,容易增加麵團的韌性,影響成品的酥鬆性。

▶ **常見問題解析**

1‧烘烤完成的塔皮,底部為何會鼓起?

原因是底部麵團和塔模之間有空氣殘留在其中,沒有進行戳洞排氣,在放入烤箱後熱氣無處可宣洩,導致鼓起。必須仔細地連同模型底部都完全鋪上麵團,特別是模具底部的角落。

麵團鋪好後,用叉子將麵團表面戳洞,可以讓殘留在麵團塔模間的氣體更容易排出。

2‧塔皮在烘烤時縮小?

麵團在擀壓時有厚度不均勻的情況出現或烘烤溫度低,在烘烤時不要開烤箱門,一旦打開烤箱門,溫度會下降,不易烘烤出色澤,使烘烤時間變長,進而造成麵團緊縮。

3‧為什麼製作塔派皮最好用糖粉,不用砂糖?

使用糖粉烘烤出的塔派比較光滑,口感酥脆,加上塔派的麵團含水量較少,砂糖不易溶於水分,使用糖粉,則很容易與油類融合,不會出現顆粒狀。

★ MICHELIN ✕ DESSERT ★

美味伊甸園

順滑的巧克力奶油，帶著可可
撩人的香氣，迅速攻佔你的味蕾。
酥脆的餅底與 Q 彈的黑莓凍帶來兩
種極致口感的享受。低調而有內涵，
搭配一杯咖啡，別有一番滋味。

配方名稱 / 類別	製作順序	預計時間	質地描述	口味描述
巧克力打發甘納許	前期製作	20 分鐘	細膩的濃稠狀	香甜
巧克力淋面	前期製作	30 分鐘	順滑的流狀液體	微苦、甜
黑莓巧克力奶油	中期製作	30 分鐘	細膩的濃稠狀	酸甜
黑莓凍	中期製作	30 分鐘	細膩的濃稠狀	酸甜、軟
脆餅底	後期製作	25 分鐘	濃稠的顆粒狀	香脆

脆餅底（9 公分的圓模，每個裡面裝 50 克）

[配方]

水 ....90 克
細砂糖 ....115 克
米香（脆米花）...........130 克
扁桃仁碎....................110 克
奶油薄脆片 ....65 克
牛奶占度亞 (Gianduja) 110 克
吉瓦娜牛奶巧克力......105 克
鹽之花 ....1.5 克

[製作過程]

1. 將水、細砂糖一起放入鍋中煮滾，加入米香、扁桃仁碎、奶油薄脆片，拌勻。
2. 將步驟 1 平鋪到鋪有矽膠墊的烤盤中，放入烤箱以 160℃烘烤 20 分鐘，成焦化狀，出爐後充分冷卻使用。
3. 將牛奶占度亞、吉瓦娜牛奶巧克力融化，加入鹽之花，用橡皮刮刀拌勻。
4. 將冷卻的步驟 2 與步驟 3 混合拌勻，倒入模具中，用湯匙壓平，作為餅底。

黑莓巧克力奶油

[配方]

全脂牛奶....................120 克
葡萄糖 ....15 克
黑莓果泥....................225 克
黑巧克力....................270 克
動物性鮮奶油.............150 克
吉利丁粉（魚膠粉）........7 克
水 ....49 克

[準備]

吉利丁粉和 49 克水提前浸泡。

[製作過程]

1. 將牛奶、葡萄糖一起加入鍋中，加熱煮滾，在另一個鍋中加入黑莓果泥，加熱至煮滾，離火備用。
2. 將泡好的吉利丁粉加入步驟 1 的牛奶混合物中，融化拌勻。
3. 將步驟 2 用錐形網篩過濾到黑巧克力中，利用牛奶的餘溫使巧克力融化，用均質機打勻。

4. 將步驟 1 中的黑莓果泥加入步驟 3 中，拌勻備用。

5. 將動物性鮮奶油加入步驟 4 中，用均質機打勻。

6. 將步驟 5 擠入模具中，使食材和模具的高度齊平，放入冷凍庫冷凍。

  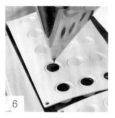

黑莓凍

[配方]

水 ....70 克
黑莓果泥....................250 克
細砂糖 ....35 克
結蘭膠 (Gellan gum) ..1.5 克

[製作過程]

1. 將水和黑莓果泥一起放入鍋中加熱到 40℃。

2. 邊攪邊加入結蘭膠和細砂糖的混合物，拌勻煮開。

3. 因為結蘭膠凝固得特別快，所以要迅速的倒入方形模具中，冷凍凝結後取出，切成 1 公分 ×1 公分的方塊備用。

巧克力打發甘納許 (Ganache)

[配方]

動物性鮮奶油(1) ....80 克
全脂牛奶......................35 克
轉化糖漿......................15 克
黑巧克力....................120 克
動物性鮮奶油(2) ....250 克

[製作過程]

1. 將動物性鮮奶油(1) 、全脂牛奶、轉化糖漿一起放入鍋中加熱煮滾。

2. 將步驟 1 分次加入到黑巧克力中，用橡皮刮刀拌勻，使巧克力充分的乳化。

3. 加入動物性鮮奶油(2)，充分的拌勻，用保鮮膜緊貼表面保存，冷藏一夜後打發使用。

巧克力淋面

[配方]

水（2）........................200 克
細砂糖 ....520 克
動物性鮮奶油............380 克
葡萄糖漿....................190 克
可可粉 ....145 克
轉化糖漿.....................55 克
吉利丁粉（魚膠粉）......24 克
水（1）........................168 克

[準備]

吉利丁粉和水（1）提前浸泡。

[製作過程]

1. 將水（2）和細砂糖一起放入鍋中，煮至 110℃。
2. 在另一個鍋中加入動物性鮮奶油和葡萄糖漿，稍微拌勻加熱，使葡萄糖漿溶解。
3. 加入可可粉，用打蛋器充分的拌勻。
4. 加入泡好的吉利丁粉融化拌勻。
5. 將步驟 1 中的糖水加入步驟 4 中，再加入轉化糖漿，用均質機打勻，過濾，最後用保鮮膜緊貼表面保存，冷藏一晚後使用。

組合

[材料]

巧克力片........................適量
金箔..............................適量

[製作過程]

1. 將黑莓巧克力奶油取出後脫模，在頂端插入牙籤後，放入加熱至 40℃的巧克力淋面中滾動一圈，使表面沾滿淋面。
2. 呈三角形擺放在脆餅底上，空隙處用圓形花嘴擠上巧克力打發甘納許。
3. 將切好的黑莓凍用鑷子放在甘納許表面，插上三角形的巧克力插片。
4. 最後在黑莓巧克力奶油的頂端點綴金箔，蓋住插牙籤的小洞即可。

蒙布朗

將最常見的蛋白霜和香緹奶油以全新的面貌展現出來，別具一番新意。酥脆的口感，迷人的外貌，入口即化，一口咬下甜到心裡，再加上栗子奶油的搭配，從視覺到味蕾都滿足，幸福感油然而生。

配方名稱 / 類別	製作順序	預計時間	質地描述	口味描述
蛋白霜	前期製作	1.5 小時	細膩的濃稠狀	甜，酥
栗子奶油	中期製作	25 分鐘	細膩的濃稠狀	栗子、奶香
香緹奶油	後期製作	15 分鐘	細膩的濃稠狀	奶香

蛋白霜

[配方]

蛋白............................80 克
糖粉............................80 克
細砂糖.........................80 克
法式薄脆片.................50 克
玉米脆片.....................20 克

[製作過程]

1. 將蛋白放入廚師機中攪拌，邊攪拌邊加入細砂糖，打發至乾性狀態。
2. 再加入過篩後的糖粉，用橡皮刮刀攪拌均勻，填入裝有裱花嘴的裱花袋中。
3. 將步驟 2 擠在鋪有烘焙紙的烤盤中，擠出和烤盤差不多長的線條，共三條，三條連接在一起。
4. 刀子沾上水，將步驟 3 切成所需要的長度，撒上法式薄脆片和玉米脆片的混合物，入烤箱以 90°C 烘烤 1 小時。

1

2

3

4

栗子奶油

[配方]

栗子抹醬....................165 克
牛奶............................50 克
蛋黃............................35 克
卡士達粉（吉士粉）........5 克
奶油（牛油）..............115 克
蘭姆酒.........................15 克

[準備]

將奶油切丁。

[製作過程]

1. 將牛奶倒入鍋中，加熱煮滾，加入栗子抹醬，攪拌均勻。
2. 將細砂糖和卡士達粉混合，用打蛋器攪拌均勻。
3. 將步驟 1 取一部分加入步驟 2 中拌勻，再倒回鍋中加熱煮滾。

4. 將步驟 3 倒入量杯中，加入奶油和蘭姆酒，用均質機攪拌均勻。

5. 最後將栗子奶油倒入鋪有保鮮膜的烤盤中，用保鮮膜包好，放入冷凍庫冷凍 5 分鐘，放入冰箱冷藏，備用。

香緹奶油

[配方]

動物性鮮奶油.............250 克
糖粉.........................10 克
香草莢 (雲尼拿條).......半根

[準備]

將香草莢取籽。

[製作過程]

1. 將所有材料放入廚師機中，打發至乾性狀態，裝入裱花袋，備用。

組合

[材料]

可可脂.........................適量
巧克力長方形片 ....適量

[製作過程]

1. 取出蛋白霜，將融化好的可可脂用噴槍均勻的噴在蛋白霜表面，放到金色底板上。

2. 取出栗子奶油，攪拌均勻，填入裝有扁鋸齒花嘴的裱花袋中，在蛋白霜的表面擠出兩條波浪形的長條。

3. 在步驟 2 的表面放上巧克力長方形片，擠上香緹奶油，使之呈螺旋狀的長條，最後放上金箔裝飾即可。

檸檬
甜酒蛋糕

檸檬，若當作水果，它的酸味強烈，有著屬於自己的個性，但在甜點中用途卻很多。檸檬富有清新的香氣，非常適合加入各種甜點中，不僅可以去除腥、膩，還可以讓甜點變得清爽可口，無疑是甜點的最佳搭檔。

配方名稱 / 類別	製作順序	預計時間	質地描述	口味描述
黃色淋面	前期製作	20 分鐘	順滑的流狀液體	甜、奶香
榛果檸檬達克瓦茲餅底	前期製作	30 分鐘	麵糊狀	濕潤、柔軟
檸檬果醬	中期製作	20 分鐘	濃稠顆粒狀	酸、甜
占度亞奶油	後期製作		細膩的濃稠狀	榛果、奶香
檸檬慕斯琳奶油	後期製作		細膩的濃稠狀	酸、奶香

榛果檸檬達克瓦茲餅底

[配方]

扁桃仁粉......................30 克
榛果粉 ....90 克
細砂糖 (1) ....130 克
低筋麵粉......................35 克
蛋白............................190 克
細砂糖 (2) ....70 克
檸檬皮屑......................適量
榛果碎 ....50 克

[製作過程]

1. 將蛋白和細砂糖(2)放入廚師機中，打發至乾性狀態，再加入檸檬皮屑攪拌均勻。
2. 將扁桃仁粉、榛果粉、低筋麵粉、細砂糖(1)混合，攪拌均勻。
3. 將步驟 2 加入步驟 1 中，用橡皮刮刀攪拌均勻，裝入裱花袋。
4. 將步驟 3 在烘焙紙中擠出長方形圖案 (共 6 個)，從外往中間擠，在 3 塊麵糊上撒榛果碎，留 3 塊不撒，放入烤箱以 180℃烘烤 15 分鐘。

占度亞奶油

[配方]

牛奶............................105 克
蛋黃............................32 克
細砂糖 ....5 克
黑巧克力......................14 克
榛果牛奶占度亞 (Gianduja)
....................................140 克
吉利丁粉 (魚膠粉) ......10 克
水 ....70 克

[準備]

將吉利丁粉和水浸泡。將榛果牛奶占度亞切塊。

[製作過程]

1. 將牛奶倒入鍋中，加熱煮滾。
2. 將蛋黃和細砂糖混合，用打蛋器攪拌至乳化發白。
3. 將步驟 1 取一部分加入步驟 2 中拌勻，再倒回鍋中繼續煮滾。
4. 將黑巧克力和榛果牛奶占度亞放入盆中，加入步驟 3，攪拌均勻。
5. 加入泡好的吉利丁粉，用均質機攪拌均勻，備用。

檸檬果醬

[配方]

黃檸檬 ....110 克
黃檸檬汁......................60 克
細砂糖(1)....................90 克
細砂糖 (2)....................10 克
NH 果膠粉 ....3 克

[準備]

將檸檬取籽切丁。

[製作過程]

1. 將切成丁的檸檬和細砂糖(1)加入料理機中,攪拌均勻。
2. 加入黃檸檬汁,攪拌均勻。
3. 將步驟 2 倒入鍋中加熱,加入細砂糖(2)和 NH 果膠粉的混合物,攪拌均勻,加熱至 100℃,備用。

檸檬慕斯琳奶油

[配方]

牛奶............................85 克
檸檬皮屑.......................適量
蛋黃............................30 克
細砂糖 ....7 克
吉利丁粉.........................4 克
水 ....28 克
白巧克力.......................190 克
打發動物性鮮奶油......170 克
檸檬甜酒......................15 克

[準備]

將吉利丁粉和水浸泡。將白巧克力融化。

[製作過程]

1. 將牛奶和檸檬皮屑放入鍋中,加熱煮滾,包上保鮮膜,浸泡 15 分鐘後,用錐形濾網過濾。
2. 將蛋黃和細砂糖混合,用打蛋器攪拌至乳化發白。
3. 將步驟 1 加熱煮滾,取一部分加入步驟 2 中拌勻,再倒回鍋中繼續加熱煮滾。
4. 將步驟 3 加入融化好的白巧克力中,攪拌均勻。
5. 加入檸檬甜酒和泡好的吉利丁粉,用均質機攪拌均勻。
6. 冷卻降溫 20℃,加入到打發動物性鮮奶油中,攪拌均勻,備用。

[配方]

白巧克力.....................300 克
牛奶.........................115 克
動物性鮮奶油.............115 克
葡萄糖漿.....................170 克
食用檸檬黃色素 ....適量
食用橙色色素...............適量
吉利丁粉 (魚膠粉) ....7 克
水 ....42 克
食用級鈦白粉 (白色素)..2 克

[準備]

將吉利丁粉和水浸泡。

[製作過程]

1. 將牛奶、動物性鮮奶油和葡萄糖漿放入鍋中加熱，攪拌均勻。
2. 離火，將白巧克力加入鍋中融化，攪拌均勻，再繼續加熱至 103°C。
3. 離火，降溫，加入泡好的吉利丁粉，攪拌均勻。
4. 將步驟 3 倒入量杯中，加入鈦白粉、檸檬黃色素和橙色色素，用均質機攪拌均勻，備用。

組合

[材料]

香脆黑巧克力珠 ....適量
黃色巧克力方片 ....適量
牛奶巧克力圓片 ....適量
金箔..............................適量

[製作過程]

1. 取出榛果檸檬達克瓦茲餅底，用方形圈模切出形狀（ 圈模不取)，放入烤盤中。
2. 將檸檬果醬放入步驟 1 的餅底上，用抹刀抹平。
3. 再加入占度亞奶油，用抹刀抹平，均勻的撒上香脆黑巧克力珠。
4. 取出不帶榛果碎的榛果檸檬達克瓦茲餅底，用圈模切出形狀，放入步驟 3 中，輕輕按壓，放入冷凍庫冷凍成形。
5. 取出步驟 4，用小的圓圈模切出幾個圓柱形，備用。
6. 在烤盤中放入幾個小的圓圈模，倒入檸檬慕斯琳奶油(8 分滿)，並將步驟 5 放入奶油中，輕輕按壓，放入冷凍庫冷凍成形。
7. 取出步驟 6，脫模，放置網架上，將黃色淋面均勻的淋在慕斯表面，用抹刀刮平底部，放到金色底板上。
8. 將黃色巧克力方片在慕斯底部圍上一圈，在頂端插入 2 片牛奶巧克力圓片和 1 片黃色巧克力方片，放一顆烤榛果碎，最後再放上金箔裝飾即可。

製作一款完美的甜點，你需要有足夠的耐心和豐富的想像力，這
樣做出來的甜點既特別，又深植人心。此款甜點在視覺上相當搶眼，
每一層都十分精緻，立體感十足，美到令人不忍心吃掉！

配方名稱 / 類別	製作順序	預計時間	質地描述	口味描述
檸檬香草打發甘納許	前期製作	30 分鐘	細膩的濃稠狀	清香
榛果奶油	前期製作	30 分鐘	細膩的濃稠狀	奶香、榛果
巴巴麵團	中期製作	60 分鐘	麵糊狀	軟、香
檸檬浸沾糖漿	後期製作	20 分鐘	液體狀	酸甜

巴巴麵團

[配方]

低筋麵粉.....................195 克
鹽 ....5 克
細砂糖 ....14 克
酵母............................11 克
全蛋............................135 克
牛奶............................90 克
奶油 (牛油)................45 克

[準備]

奶油融化成液態。

[製作過程]

1. 將低筋麵粉、鹽、細砂糖、酵母放入料理機中，攪拌均勻。
2. 邊攪拌邊加入牛奶和全蛋的混合物，拌勻。
3. 再加入軟化好的奶油，攪拌均勻，裝入裱花袋中。
4. 將步驟 3 擠入正方形矽膠模中(25 克)，手指沾適量水，將麵團壓平，放入烤盤，放入發酵箱，以溫度 30℃，濕度 75%，發酵 30 分鐘。
5. 放入烤箱以 160℃烘烤 12 分鐘，取出脫模，再次放入烤箱烤至表面金黃色。

檸檬浸沾糖漿

[配方]

水 .... 600 克
赤砂糖 .... 300 克
黃檸檬皮屑 .... 3 個量
香草籽 (雲尼拿籽) .... 2 克
檸檬汁 .... 250 克
蘭姆酒 .... 100 克

1. 將水、赤砂糖、黃檸檬皮屑、香草籽放入鍋中加熱，用打蛋器攪拌均勻。
2. 將煮好的步驟 1 用網篩過濾，加入檸檬汁和蘭姆酒，混合均勻，備用。

榛果奶油

[配方]

牛奶 .... 125 克
動物性鮮奶油 .... 125 克
蛋黃 .... 60 克
細砂糖 .... 10 克
榛果泥 .... 60 克
牛奶巧克力 .... 100 克
奶油 .... 75 克
吉利丁粉 (魚膠粉) .... 3 克
水 .... 21 克

[準備]

將奶油軟化成膏狀。將牛奶巧克力融化。將吉利丁粉和水浸泡。

[製作過程]

1. 將牛奶和動物性鮮奶油放入鍋中，用電磁爐加熱至煮滾。
2. 將細砂糖和蛋黃混合，用打蛋器打至發白，加入一部分步驟 1 拌勻，再倒回步驟 1 中，煮至 83℃。
3. 離火，加入泡好的吉利丁粉和榛果泥，用打蛋器攪拌均勻。
4. 將步驟 3 分次加入融化好的牛奶巧克力中攪拌均勻，並降溫至 40℃。
5. 將軟化好的奶油加入步驟 4 中，用均質機攪拌均勻，倒入滴壺中。
6. 將正方形的模具放入烤盤，將步驟 5 滴入模具中，輕輕震平，放入冷凍庫冷凍成形。

檸檬香草打發甘納許 (Ganache)

[配方]

動物性鮮奶油.............350 克
轉化糖漿.....................10 克
香草莢（雲尼拿條）........1 根
檸檬皮屑....................2 個量
白巧克力....................160 克

[準備]

將香草莢取籽。

[製作過程]

1. 將動物性鮮奶油、轉化糖漿、香草籽和檸檬皮屑放入鍋中，用電磁爐加熱至 83℃。
2. 將白巧克力放入盆中，隔水融化。
3. 將步驟 1 分次加入到步驟 2 中，用均質機攪拌均勻，包上保鮮膜，放入冰箱冷藏，備用。

組合

[材料]

鏡面果膠.....................適量
巧克力片.....................適量
烤好的榛果碎...............適量
金箔...........................適量
黃色果膠.....................適量

[製作過程]

1. 將巴巴麵團用小刀將邊緣修齊，放入烤盤中。
2. 倒入檸檬糖漿，浸泡 10 分鐘，取出放在網架上瀝乾。
3. 取出凍好的榛果奶油，脫模，放在步驟 2 的中間位置，並在表面刷上鏡面果膠。
4. 取出檸檬香草打發甘納許，放入廚師機內打發，裝入裱花袋，在步驟 3 的表面擠出小球。
5. 用檸檬香草打發甘納許在準備好的巧克力片上擠出一條波浪線條，再放在步驟 4 的小球上，輕輕壓緊。
6. 最後在表面用金箔、烤好的榛果碎和黃色果膠進行裝飾

  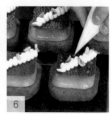

甜言蜜語

此款甜點的香氣十分的濃郁，初嘗一口，苦與甜交融在一起，帶著咖啡味、香料味、奶味融入口中，香醇順滑，口感豐富。再加上底部一圈脆脆的杏仁粒，既增加了酥脆的口感，又豐富了外觀造型，堪稱完美。

配方名稱 / 類別	製作順序	預計時間	質地描述	口味描述
杜絲金黃巧克力淋面	前期製作	30 分鐘	順滑的流狀液體	甜、奶香
香料咖啡奶油	前期製作	30 分鐘	細膩的濃稠狀	咖啡香、奶香
榛果瑪德琳餅底	中期製作	30 分鐘	麵糊狀	榛果、柔軟
杜絲金黃巧克力慕斯	後期製作	30 分鐘	細膩的濃稠狀	香甜

榛果瑪德琳餅底

[配方]

全蛋..........................135 克
細砂糖(1)....................50 克
金黃砂糖......................60 克
榛果泥........................40 克
精鹽..........................2 克
牛奶..........................35 克
低筋麵粉....................105 克
奶油 (牛油)..............125 克
花蜜 (液體)...............25 克
蛋白..........................65 克
細砂糖(2)....................15 克

[製作過程]

1. 將全蛋、細砂糖(1)、金黃砂糖、榛果泥、精鹽倒入廚師機中，用扇形攪拌器拌勻。
2. 將牛奶慢速加入步驟 1 中，拌勻靜置 5 分鐘。
3. 再加入過篩好的低筋麵粉，攪拌均勻。
4. 將奶油用小火加熱成焦奶油，冷卻至 17℃，加入花蜜拌勻。
5. 取一部分步驟 3 與步驟 4 拌勻，再倒回到步驟 3 的麵糊中拌勻。
6. 將蛋白打至 6 成發，倒入細砂糖(2)，打成中性狀態，與步驟 5 拌勻。
7. 將步驟 6 裝入裱花袋，擠到模具中，每個約 45 克，放入烤箱以 170℃ 烘烤 6 分鐘，將烤盤轉向再烘烤 6 分鐘即可。

香料咖啡奶油

[配方]

牛奶..........................200 克
動物性鮮奶油..............200 克
香草莢 (雲尼拿條)........1 根
香料麵包粉....................2 克
咖啡豆........................50 克
蛋黃..........................60 克
細砂糖........................10 克
牛奶巧克力..................100 克
奶油..........................75 克
吉利丁粉 (魚膠粉)........3 克
水..............................21 克

[準備]

將吉利丁粉和 21 克的水提前浸泡。將奶油切塊。將香草莢取籽。

[製作過程]

1. 將牛奶、動物性鮮奶油和香草籽一起加入鍋中煮滾。
2. 將咖啡豆裝進裱花袋砸碎後，倒在一個小碗中，加入香料麵包粉拌勻。
3. 在步驟 1 中加入步驟 2 的混合物，浸泡 10 分鐘，泡好後過濾到碗中，重新稱重 250 克煮滾。
4. 將蛋黃和細砂糖混合，用打蛋器打至乳化發白，倒入 1/3 的步驟 3，用打蛋器拌勻，再倒回鍋中拌勻，煮到 80℃～ 85℃。
5. 離火，降溫至 60℃以後加入泡好的吉利丁粉，融化拌勻。

6. 將牛奶巧克力微微加熱，加入步驟 5，混合拌勻。

7. 待步驟 6 冷卻到 40℃時，加入軟化好的奶油，用均質機打勻。

8. 將步驟 7 用滴壺倒入直徑 3.5 公分的圓球模中，一個圓球模具中倒入 10 克，放入冷凍庫凍硬。

杜絲金黃巧克力慕斯

[配方]

細砂糖 ....50 克
牛奶...........................380 克
香草莢 ....1 根
蛋黃............................75 克
吉利丁粉.......................9 克
水 ....63 克
巧克力 ....240 克
打發動物性鮮奶油......400 克

[準備]

吉利丁粉和 63 克水提前浸泡。香草莢取籽。

[製作過程]

1. 將牛奶和香草籽放鍋中煮滾，用錐形網篩過濾。將細砂糖加熱做成焦糖，離火，將過濾的香草牛奶沖進去，邊加入邊攪拌均勻。

2. 將蛋黃、細砂糖混合，用打蛋器打至乳化發白。取 1/3 和步驟 1 拌勻，再倒入鍋中繼續加熱至 80℃。

3. 離火，降溫至 60℃後，加入泡好的吉利丁融化拌勻。

4. 將步驟 3 分 3 次倒入融化好的巧克力中，用打蛋器拌勻。

5. 將步驟 4 隔冰水降溫至 28℃。

6. 將動物性鮮奶油打發（中性），取 1/3 動物性鮮奶油倒入冷卻的步驟 5 中拌勻，再加入剩餘動物性鮮奶油拌勻備用。

杜絲金黃巧克力淋面

[配方]

水 (1) ....150 克
細砂糖 ....300 克
葡萄糖 ....300 克
煉乳 (煉奶) ....300 克
杜絲金黃巧克力 ....220 克
塔納里瓦牛奶巧克力 ....80 克
吉利丁粉 (魚膠粉) ......20 克
水 (2) ....140 克

[準備]

吉利丁粉要提前和水 (2) 浸泡。

[製作過程]

1. 將水 (1) 、細砂糖、葡萄糖放在鍋中煮至 105℃。
2. 加入煉乳，用橡皮刮刀攪拌均勻。
3. 離火，降溫至 60℃，加入泡好的吉利丁粉，融化拌勻。
4. 將步驟 3 倒入杜絲金黃巧克力和塔納里瓦牛奶巧克力中，用均質機攪勻，再用保鮮膜緊貼表面保存，冷藏一夜後使用。

🎩 主廚訣竅

因為塔納里瓦巧克力具有焦糖的顏色，所以配方中加入塔納里瓦牛奶巧克力，是為了使淋面上色。

組合

[材料]

巧克力片 ....適量
食用性銅粉 ....適量

[製作過程]

1. 用裱花袋在模具中擠入杜絲金黃巧克力慕斯，約模具的 5 分滿。
2. 將香料咖啡奶油脫模，放置在步驟 1 中間，輕輕地按壓一下。
3. 繼續在模具中擠入杜絲金黃巧克力慕斯，約 8 分滿。
4. 在步驟 3 上方蓋上榛果瑪德琳餅底，輕輕地用手壓平。
5. 用小的抹刀將頂端多餘出來的慕斯抹平，放入冷凍庫冷凍。
6. 在烤盤上放一個網架，將慕斯取出脫模放在網架上。將做好的杜絲金黃巧克力淋面放在量杯中，用微波爐加熱到 40℃。進行淋面時要迅速倒下去，使淋面的漿料覆蓋住整個蛋糕。
7. 等淋面凝結後，用牙籤插到頂部，在底部邊緣沾上混合了銅粉的杏仁碎，放置在金色底板上。
8. 在做好的圓形巧克力片上刷上銅粉。
9. 再用細裱花嘴在上方淋上黑巧克力線條。
10. 取出步驟 7 的牙籤，在每個慕斯上方放上一顆香料咖啡奶油半球。
11. 最後在頂端放上一片巧克力片即可。

🎩 主廚訣竅

巧克力片的直徑最好比慕斯的直徑小 0.5 公分，這樣才更美觀。

香草巧克力
二重奏

美味的泡芙已經很誘人，
再與香醇的巧克力奶油搭配，
無疑是錦上添花，泡芙、巧克
力、可可粉及奶油共同創造了
專屬它們的華麗樂章。

配方名稱 / 類別	製作順序	預計時間	質地描述	口味描述
巧克力淋面	前期製作	30 分鐘	順滑的流狀液體	微苦、甜
巧克力打發甘納許	前期製作	30 分鐘	細膩的濃稠狀	微苦、奶香
香草打發甘納許	前期製作	30 分鐘	細膩的濃稠狀	香甜
巧克力奶油	前期製作	30 分鐘	細膩的濃稠狀	微苦、奶香
香草特羅卡德羅餅底	中期製作	35 分鐘	麵糊狀	柔軟、香甜
巧克力甜酥麵團	中期製作	30 分鐘	麵團狀	酥脆
可可泡芙脆皮麵團	中期製作	20 分鐘	麵團狀	香脆
可可泡芙麵團	後期製作	50 分鐘	麵糊狀	香、軟

香草特羅卡德羅餅底

[配方]

扁桃仁粉	315 克
糖粉	315 克
太白粉	45 克
蛋白	225 克
蛋黃	30 克
香草莢（雲尼拿條）	2 根
奶油（牛油）	240 克
蛋白	210 克
細砂糖	125 克

[準備]

所有的粉類混合過篩。蛋白和蛋黃混合。香草莢取籽。奶油融化至液態。

[製作過程]

1. 將混合好的粉類、蛋類和香草籽一起倒入廚師機中，用扇形攪拌器攪拌均勻。
2. 加入奶油拌勻。
3. 將蛋白加入另一個廚師機中，分次加入細砂糖攪拌，打至乾性狀態（鷹嘴狀）。
4. 分次將步驟 3 中的蛋白霜加入到步驟 2 中，用橡皮刮刀以翻拌的手法拌勻。
5. 倒入鋪有烘焙紙的烤盤中，放入烤箱以 160℃烘烤 14 ～ 16 分鐘，出爐冷卻後，裁成 5 公分 ×5 公分的方形備用。

巧克力甜酥麵團

[配方]

奶油	205 克
糖粉	155 克
精鹽	3 克
扁桃仁粉	50 克
T55 麵粉	380 克
可可粉	25 克
全蛋	90 克

[準備]

粉類過篩。奶油切丁冷藏。粉類過篩。

[製作過程]

1. 將糖粉、精鹽、可可粉、扁桃仁粉、T55 麵粉倒入廚師機中，用扇形攪拌器慢速攪拌均勻。
2. 加入奶油，攪拌成沙狀。

3. 邊攪邊倒入全蛋液,攪拌成團,取出,包上保鮮膜,冰箱冷藏一夜。取出,用擀麵棍擀成 0.3 公分厚,裁出 6 公分 ×6 公分的正方形,均勻的擺放在烤盤上,放入冷藏 20 分鐘,放入烤箱以 160℃烘烤 10 分鐘,取出後待涼使用。

巧克力奶油

[配方]

動物性鮮奶油.............150 克
全脂牛奶...................120 克
香草莢......................... 半根
蛋黃..........................45 克
細砂糖.........................50 克
66% 黑巧克力.............180 克

[準備]

香草莢取籽。

[製作過程]

1. 將動物性鮮奶油、全脂牛奶、香草籽一起加入鍋中,加熱煮滾。
2. 取一部分步驟 1 加入到蛋黃和細砂糖的混合物中拌勻,再倒回鍋中煮到 83℃。
3. 將步驟 2 分次加入到黑巧克力中,使巧克力充分的乳化,再用均質機打勻。
4. 將步驟 3 過濾到滴壺中,倒入 6 公分 ×6 公分的模具中,再將香草特羅卡德羅餅底蓋上,放入冷凍庫冷凍。

巧克力打發甘納許

[配方]

動物性鮮奶油(1) ....80 克
全脂牛奶.....................35 克
轉化糖漿.....................15 克
64% 曼特尼黑巧克力 ..120 克
動物性鮮奶油(2) ....250 克

[製作過程]

1. 將動物性鮮奶油(1) 、全脂牛奶、轉化糖漿一起加入鍋中,加熱煮滾。
2. 分次加入到巧克力中,用橡皮刮刀拌勻,使巧克力充分的乳化。
3. 再倒入動物性鮮奶油(2),充分的拌勻,保鮮膜緊貼表面保存,冷藏一夜後打發使用。

香草打發甘納許 (Ganache)

[配方]

全脂牛奶......................90 克
轉化糖漿......................15 克
香草莢 (雲尼拿條) ....1 根
白巧克力......................150 克
動物性鮮奶油.............200 克

[準備]

香草莢取籽。

[製作過程]

1. 將全脂牛奶、轉化糖漿、香草籽一起加入鍋中，加熱煮滾。
2. 將步驟 1 用錐形網篩過濾到盆中，分次加入到白巧克力中拌勻，使巧克力充分的乳化。 再倒入動物性鮮奶油充分的拌勻，保鮮膜緊貼表面保存，冷藏一夜後打發使用。

可可泡芙脆皮麵團

[配方]

低筋麵粉......................90 克
可可粉.........................15 克
金黃砂糖......................90 克
奶油 (牛油)................75 克

[準備]

將奶油軟化。

[製作過程]

1. 將過篩的低筋麵粉、可可粉、金黃砂糖一起用橡皮刮刀拌勻，再加入軟化的奶油扮成團。
2. 在烘焙紙上用擀麵棍擀開，約 0.2 公分厚，用模具壓出圓形備用。

可可泡芙麵團

[配方]

全脂牛奶....................160 克
奶油............................65 克
細砂糖.........................3 克
精鹽............................3 克
T55 麵粉......................70 克
可可粉.........................20 克
全蛋............................160 克

[準備]

將奶油切丁。T55 麵粉、可可粉過篩。

[製作過程]

1. 將牛奶、奶油、細砂糖、精鹽一起加入鍋中，加熱煮滾。
2. 煮滾後離火，加入過篩混合好的粉類，拌勻後再用中火加熱 1 分鐘。
3. 離火，倒入廚師機中，慢速使它降溫，慢慢加入全蛋拌勻。
4. 將步驟 3 裝入裱花袋中，在鋪有矽膠墊的烤盤中擠出圓形，蓋上可可泡芙脆皮麵團，放入烤箱以 180℃烘烤 30 分鐘。

巧克力淋面

[配方]

吉利丁粉（魚膠粉）......24 克
水(1).........................168 克
水(2).........................200 克
細砂糖.......................520 克
動物性鮮奶油.............380 克
葡萄糖漿....................190 克
可可粉.......................145 克
轉化糖漿.....................55 克

[準備]

吉利丁粉和水(1)提前浸泡。

[製作過程]

1. 將水(2)和細砂糖一起放入鍋中，煮至 110℃。
2. 在另一個鍋中加入動物性鮮奶油和葡萄糖漿，稍微拌勻加熱，使葡萄糖漿溶解。
3. 將可可粉加入步驟 2 中，用打蛋器充分的拌勻。
4. 將泡好的吉利丁粉加入步驟 3 中融化拌勻。
5. 將步驟 1 中的糖水加入步驟 4 中，再加入轉化糖漿，用均質機打勻，過濾，最後用保鮮膜緊貼表面保存，冷藏一晚後使用。

組合

[材料]

食用性金粉...................適量
酒精............................適量

[製作過程]

1. 在鋪有保鮮膜的烤盤上放上網架，將凍好的巧克力奶油和餅底脫模，放在網架上，在表面淋上巧克力淋面，淋上去後，要立刻用小抹刀將頂端多的地方刮下去，避免頂端淋面太厚。
2. 將牙籤插入步驟 1 中，放到巧克力甜酥麵團餅底上，取下牙籤。
3. 將金粉和酒精 1：1 混合後，用花嘴沾取適量的金粉溶液，在淋面表面輕輕蓋上小圓圈。
4. 把泡芙放置在塔圈中，用鋸齒刀切開，使其分割更加均勻，將切下來的部分撒上防潮糖粉，做成泡芙蓋。將香草打發甘納許和巧克力打發甘納許一起填入裝有大鋸齒花嘴的裱花袋中，在泡芙中間擠出一團，再蓋上泡芙蓋。
5. 再放置到巧克力奶油偏一邊的位置即可。

窈窕淑女

不論是好看的姑娘，還是好看的甜點，都是那麼的惹人喜歡，此款甜點的外表顏色豔麗，卻又不失優雅大氣，內餡豐富有層次，值得你細細品嘗。

配方名稱／類別	製作順序	預計時間	質地描述	口味描述
紅色淋面	前期製作	30 分鐘	順滑的流狀液體	香甜
布列塔尼酥餅	前期製作	40 分鐘	麵團狀	酥脆
糖衣果仁布列塔尼酥餅	前期製作	25 分鐘	顆粒狀	香甜、酥脆
馬鞭草青檸軟餅底	中期製作	30 分鐘	麵糊狀	清香、柔軟
馬鞭草覆盆子果泥	中期製作	30 分鐘	細膩的濃稠狀	酸甜
油酥麵團	後期製作	35 分鐘	麵團狀	香、酥
覆盆子慕斯	後期製作	35 分鐘	細膩的濃稠狀	酸甜、奶香

布列塔尼酥餅

[配方]

奶油 (牛油)...............125 克
細砂糖 ....115 克
精鹽.............................3 克
香草莢 (雲尼拿條) .... 1/2 根
蛋黃............................50 克
T55 麵粉.....................170 克
泡打粉 ....5 克

[準備]

香草莢取籽。

[製作過程]

1. 將奶油、細砂糖、精鹽、香草籽倒入廚師機中，用扇形攪拌器快速打至微發狀。

2. 加入蛋黃攪拌，在攪拌的過程中要不時的用橡皮刮刀刮桶壁，使其攪拌均勻。

3. 將過篩好的 T55 麵粉和泡打粉混合物加入步驟 2 中，慢速拌成團，取出，用擀麵棍擀成 0.3 公分厚的麵餅，冷藏一夜，第二天取出後，切成長 9.5 公分、寬 5.5 公分的長條，放入烤箱 160℃進行烘烤 6 分鐘，將烤盤轉向再烤 6 分鐘，使整體上色均勻即可。

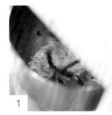  

糖衣果仁布列塔尼酥餅

[配方]

布列塔尼酥餅.............410 克
鹽之花 ....1 克
糖衣杏仁.....................125 克
可可脂 ....30 克
白巧克力....................130 克

[準備]

將布列塔尼酥餅塗上蛋液烘烤上色。

[製作過程]

1. 將布列塔尼酥餅捏碎，加入切碎的糖衣杏仁和鹽之花拌勻。

2. 將白巧克力和可可脂一起加熱到 40℃～ 50℃之間，倒入步驟 1 的混合物中拌勻。

3. 倒入模具中用大的抹刀壓平即可。

註：30 公分 ×40 公分的模具

馬鞭草青檸軟餅底

[配方]

奶油 (牛油)...............140 克
蛋白 (2) ....65 克
細砂糖 ....40 克
扁桃仁粉 ....300 克
糖粉 ....200 克
太白粉 ....30 克
乾馬鞭草 ....4 克
青檸皮 ....1 個
蛋白 (1) ....40 克
全蛋 ....200 克

[準備]

將奶油切丁。扁桃仁粉和糖粉過篩。

[製作過程]

1. 將奶油放入鍋中融化，冷卻到 40℃備用。

2. 將蛋白 (2) 和細砂糖放入廚師機中，打發成乾性狀態 (鷹嘴狀)。

3. 將扁桃仁粉、糖粉、太白粉、乾馬鞭草、青檸皮、蛋白 (1)、全蛋加入料理機中，攪拌均勻後取出。

4. 將步驟 2 的蛋白霜分次加入到步驟 3 中拌勻。

5. 取一部分步驟 4 與步驟 1 中冷卻好的奶油拌勻，再倒回到麵糊中拌勻。

6. 倒入烤盤中用抹刀抹平，放入烤箱 175℃烘烤 6 分鐘，將烤盤轉向再烘烤 6 分鐘即可。出爐待涼後裁成一半，蓋在糖衣果仁布列塔尼脆餅底上。

註：配方可做 40 公分 ×60 公分
　　的餅底一份

馬鞭草覆盆子果泥

[配方]

覆盆子果泥 ....750 克
乾馬鞭草 ....8 克
NH 果膠粉 ....12 克
細砂糖 ....105 克
青檸汁 ....75 克

[製作過程]

1. 將乾馬鞭草加入覆盆子果泥中煮滾，浸泡 10 分鐘，用錐形網篩過濾到盆中，用橡皮刮刀將乾馬鞭草裡的果泥全部擠壓出來。
2. 將 NH 果膠粉和細砂糖混合攪拌均勻，加入到步驟 1 中拌勻，繼續煮滾。
3. 再加入青檸汁拌勻，倒在馬鞭草青檸軟餅底上，抹平，放入冷凍庫凍硬。
4. 取出後裁成比模具小 0.5 公分的尺寸即可。

覆盆子慕斯

[配方]

細砂糖 ....160 克
水 (2) ....80 克
覆盆子果泥 ....650 克
蛋白 ....80 克
打發動物性鮮奶油......310 克
吉利丁粉 (魚膠粉) ......16 克
水 (1) ....112 克

[準備]

吉利丁粉和水（1）提前浸泡。

[製作過程]

1. 將細砂糖和水(2)一起放入鍋中煮到 121℃，沿鍋壁倒入正在打發的蛋白中，做出義式蛋白霜。
2. 將泡好的吉利丁粉放入鍋中加熱融化，另一個鍋中將覆盆子果泥加熱到 25℃，先加 1/3 的果泥到融化的吉利丁中，拌勻，再倒回到果泥中拌勻。
3. 將步驟 2 中的果泥分次倒入步驟 1 中拌勻。
4. 最後將打發動物性鮮奶油分次加到步驟 3 中，用橡皮刮刀以翻拌的手法拌勻即可。

紅色淋面

[配方]

水 ....100 克
葡萄糖漿....................100 克
食用紅色色粉..............1.5 克
鏡面果膠..................1000 克

[製作過程]

1. 將水、葡萄糖漿放入鍋中加熱煮滾，使葡萄糖漿溶解。
2. 加入紅色色粉溶解，分次加入鏡面果膠用均質機拌勻，用保鮮膜緊貼表面，冷藏保存一個晚上，使氣泡更好的排出。

油酥麵團

[配方]

奶油 (牛油)...............240 克
糖粉...........................180 克
精鹽.............................4 克
扁桃仁粉......................60 克
T55 麵粉....................470 克
全蛋...........................100 克

[準備]

將奶油切丁。

[製作過程]

1. 將奶油、糖粉、精鹽一起倒入廚師機中，用扇形攪拌器打成沙狀。
2. 加入全蛋液拌成團。
3. 再加入過篩的扁桃仁粉、T55 麵粉，拌勻成團。
4. 倒在鋪有烘焙紙的烤盤上，在上方再蓋上一層烘焙紙，用擀麵棍擀成 0.3 公分厚的麵餅，冷藏一夜後取出，切成長 9.5 公分、寬 5.5 公分的長條，放入烤箱以 160℃烘烤 6 分鐘，將烤盤轉向再烤 6 分鐘，使整體上色均勻即可。

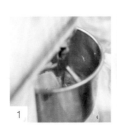 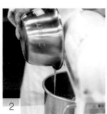  

組合

[材料]

白巧克力片 ....適量
半顆覆盆子 ....適量

[製作過程]

1. 在模具中倒入 30 克覆盆子慕斯，將裁好的馬鞭草覆盆子果泥餅底壓進去，用抹刀將上方抹平後，放入冷凍庫冷凍。
2. 取出後脫模，進行淋面，放在油酥餅底上，在頂端的一側擺上一片白巧克力和半顆覆盆子即可。

★ MICHELIN 🍴 DESSERT ★

椰林飄香

此款甜點包含了椰子的奶香、鳳梨的酸爽、蘭姆奶油的酒香……柔軟中又有一絲韌勁，每一口都能感受到椰香的層層美味，是那麼的醇厚濃郁，奶香怡人。

配方名稱 / 類別	製作順序	預計時間	質地描述	口味描述
白色淋面	前期製作	20 分鐘	順滑的流狀液體	香甜
椰子餅底	前期製作	30 分鐘	麵糊狀	甜、椰香
蘭姆奶油	中期製作	30 分鐘	細膩的濃稠狀	奶香、酒香
冷的義義式蛋白霜	中期製作	20 分鐘	細膩的濃稠狀	甜
椰子慕斯	中期製作	30 分鐘	細膩的濃稠狀	椰香、奶香
鳳梨果醬	後期製作	25 分鐘	濃稠顆粒狀	酸甜

椰子餅底

[配方]

糖粉.........................40 克
扁桃仁粉.....................20 克
椰子粉.......................40 克
T45 麵粉.....................30 克
蛋白(1).....................40 克
動物性鮮奶油.................30 克
蛋白(2)....................100 克
細砂糖.......................50 克

[製作過程]

1. 將細砂糖和蛋白(2)放入廚師機，打發至乾性狀態。
2. 將糖粉、扁桃仁粉、椰絲和 T45 麵粉加入盆中，用打蛋器攪拌均勻。
3. 加入動物性鮮奶油和蛋白(1)，用打蛋器攪拌均勻。
4. 將步驟 1 加入步驟 3 中，用橡皮刮刀以翻拌的手法拌勻。
5. 將步驟 4 倒入鋪有烘焙紙的烤盤中，用抹刀抹平，放入烤箱以 200°C烘烤 10 分鐘。

鳳梨果醬

[配方]

鳳梨 (菠蘿)...............250 克
細砂糖(1)....................20 克
橙汁.........................20 克
香草莢 (雲尼拿條).......半根
青檸皮屑.....................適量
NH 果膠粉 ....2 克
細砂糖(2).....................2 克
椰子酒.......................20 克

[準備]

將吉利丁粉和水浸泡。

[製作過程]

1. 將細砂糖放入鍋中，加熱至焦糖化，加入橙汁，用橡皮刮刀攪拌均勻。
2. 將鳳梨和香草籽加入鍋中，用橡皮刮刀攪拌均勻。

3. 加入 NH 果膠粉和細砂糖(2)的混合物，攪拌均勻。

4. 最後加入青檸皮屑和椰子酒，攪拌均勻即可。

蘭姆奶油

[配方]

動物性鮮奶油............250 克
香草莢.........................半根
蛋黃.............................65 克
細砂糖.........................35 克
吉利丁粉（魚膠粉）......12 克
水.................................72 克
蘭姆酒..........................8 克

[準備]

將香草莢取籽。將吉利丁粉和水浸泡。

[製作過程]

1. 將動物性鮮奶油和香草籽放入鍋中，加熱煮滾。

2. 將細砂糖和蛋黃混合，用打蛋器打至乳化發白。

3. 將步驟 1 取一部分加入步驟 2 中拌勻，再倒回鍋中加熱煮滾。

4. 將泡好的吉利丁粉加入步驟 3 中，攪拌均勻。

5. 加入蘭姆酒，攪拌均勻。

6. 將步驟 5 用網篩進行過濾，備用。

冷的義式蛋白霜

[配方]

蛋白............................60 克
細砂糖.........................60 克
轉化糖漿.......................40 克
葡萄糖漿.......................30 克

[製作過程]

1. 將蛋白加入廚師機中，打發至中性狀態。
2. 加入細砂糖，打發至乾性狀態。
3. 最後加入轉化糖漿和葡萄糖漿攪拌均勻，備用。

椰子慕斯

[配方]

椰子果泥......................200 克
椰子酒.........................20 克
吉利丁粉 (魚膠粉)........7 克
水.............................42 克
打發動物性鮮奶油......150 克
冷的義式蛋白霜...........75 克

[準備]

將吉利丁粉和水浸泡。

[製作過程]

1. 將椰子果泥加入鍋中，用電磁爐加熱，離火加入泡好的吉利丁粉，攪拌均勻。
2. 將步驟 1 冷卻至 20℃左右，加入椰子酒混合拌勻。
3. 將打發動物性鮮奶油和冷的義式蛋白霜混合拌勻。
4. 將步驟 2 和步驟 3 混合，用橡皮刮刀以翻拌的手法拌勻，裝入裱花袋，備用。

白色淋面

[配方]

白巧克力......................300 克
吉利丁粉.......................7 克
水.............................42 克
牛奶..........................115 克
動物性鮮奶油..............115 克
葡萄糖漿......................170 克
食用級鈦白粉 (白色素) 適量

[準備]

將吉利丁粉和水浸泡。

[製作過程]

1. 將牛奶、動物性鮮奶油和葡萄糖漿加入鍋中，加熱煮滾。
2. 離火，加入白巧克力，攪拌融化，繼續加熱至 104℃。

3. 離火，降溫，加入泡好的吉利丁粉和鈦白粉，用均質機攪拌均勻，
備用。

組合

[材料]

椰絲.............................適量
玉米脆片......................適量
金箔.............................適量
白巧克力長方形片.........適量

[製作過程]

1. 取出椰子餅底，用方形圈模壓出長形餅底（圈模不取），加入蘭姆
奶油，放入冷凍庫冷凍成形。
2. 取出步驟 1，用刀切成和長條矽膠模一樣大小的形狀，備用。
3. 將椰子慕斯擠入底部有凹槽的長條矽膠模中（8 分滿），放入步驟
2，輕輕按壓，用抹刀將表面刮平，放入冷凍庫冷凍成形。
4. 取出步驟 3，放到網架上，均勻的淋上白色淋面，在底部黏一圈椰
絲，放到金色底板上。
5. 將鳳梨果醬填入裝有花嘴的裱花袋中，在步驟 4 的凹槽中擠出線
條。
6. 將椰子慕斯填入裝有花嘴的裱花袋中，在白巧克力長方形片上擠出
S 形的長條，放上玉米脆片和金箔，撒上細砂糖。
7. 在鳳梨果醬上方擠出一條椰子慕斯（用來黏接），最後放上步驟 6
即可。

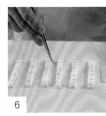

銀河蛋糕

看似簡單的球形蛋糕，還有著不為人知的一面，此款甜點主要由巧克力、可可粉來決定整體的口感，是巧克力控的最佳選擇。以精緻創新的造型完美呈現，不論是香醇濃郁的口味，還是新穎獨特的外觀，都足以讓你念念不忘。

配方名稱 / 類別	製作順序	預計時間	質地描述	口味描述
牛奶巧克力淋面	前期製作	20 分鐘	順滑的流狀液體	香甜
吉瓦那烤布蕾	前期製作	30 分鐘	順滑的流狀液體	奶香
薩赫餅底	前期製作	30 分鐘	麵糊狀	柔軟、濕潤
塔納里瓦奶油	中期製作	30 分鐘	細膩的濃稠狀	奶香
巧克力慕斯	中期製作	30 分鐘	細膩的濃稠狀	奶香
扁桃仁酥粒	後期製作	20 分鐘	顆粒狀	酥脆
淋醬	後期製作	15 分鐘	濃稠的顆粒狀	香甜

薩赫餅底

[配方]

扁桃仁膏....................100 克
蛋黃............................65 克
全蛋............................35 克
糖粉............................40 克
T45 麵粉......................30 克
可可粉 ....30 克
蛋白............................100 克
細砂糖 ....50 克

[準備]

將扁桃仁膏切塊。

[製作過程]

1. 將扁桃仁膏加入廚師機中，用扇形攪拌器攪拌均勻，分次加入蛋黃，攪拌均勻。
2. 將全蛋加入步驟 1 中，攪拌均勻。
3. 將糖粉、T45 麵粉和可可粉過篩，加入步驟 2 中，攪拌均勻。
4. 將蛋白和細砂糖放入另一個廚師機，打發至乾性狀態，分次放入步驟 3 中，用橡皮刮刀以翻拌的手法拌勻。
5. 將麵糊放入鋪有烘焙紙的烤盤中，用抹刀抹平，放入烤箱以 200℃ 烘烤 10 分鐘。
6. 出爐冷卻後，撕下烘焙紙，用小的圓圈模切出圓形餅底，備用。

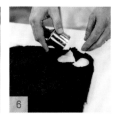

吉瓦那烤布蕾

[配方]

牛奶.............................65 克
動物性鮮奶油..............65 克
蛋黃.............................25 克
細砂糖.........................10 克
牛奶巧克力..................25 克

[製作過程]

1. 將牛奶和動物性鮮奶油放入鍋中,加熱煮滾。
2. 將蛋黃和細砂糖混合,用打蛋器打至乳化發白。
3. 將步驟 1 加入步驟 2 中,加入牛奶巧克力,倒入量杯中,用均質機攪拌均勻。
4. 將步驟 4 倒入半球矽膠模中(8 分滿),放入烤盤,再入烤箱以 100°C烘烤 15 分鐘。

塔納里瓦奶油

[配方]

牛奶...........................110 克
動物性鮮奶油.............110 克
蛋黃.............................35 克
細砂糖.........................30 克
黑巧克力......................25 克
牛奶巧克力..................60 克

[製作過程]

1. 將牛奶和動物性鮮奶油加入鍋中,用電磁爐加熱煮滾。
2. 將蛋黃和細砂糖混合,用打蛋器打至乳化發白。
3. 將步驟 1 取一部分加入步驟 2 中拌勻,再倒回鍋中繼續煮滾。
4. 將步驟 3 加入黑巧克力和牛奶巧克力的混合物中,用均質機攪拌均勻。
5. 最後將步驟 4 倒入半球矽膠模中(9 分滿),放入冷凍庫冷凍成形,備用。

牛奶巧克力淋面

[配方]

水 ....560 克
動物性鮮奶油.............250 克
細砂糖.........................100 克
葡萄糖漿.....................150 克
牛奶巧克力 ....280 克
黑巧克力......................70 克
吉利丁粉 (魚膠粉)......10 克
水 ....70 克

[準備]

將吉利丁粉和 70 克水浸泡。

[製作過程]

1. 將水、動物性鮮奶油、細砂糖和葡萄糖漿加入鍋中,用電磁爐加熱至 70°C左右。
2. 離火,將黑巧克力和牛奶巧克力加入鍋中,用均質機攪拌均勻,繼續加熱至 103°C。

3. 將步驟 2 降溫至 40℃，加入泡好的吉利丁粉攪拌融化，用均質機攪拌均勻，備用。

巧克力慕斯

[配方]

牛奶巧克力 ....400 克
動物性鮮奶油............450 克
蛋白.............................70 克
細砂糖 ....35 克
蛋黃.............................50 克

[準備]

將牛奶巧克力融化。

[製作過程]

1. 將動物性鮮奶油放入廚師機中，打發至中性狀態。
2. 將步驟 1 取一半加入融化好的巧克力中，用橡皮刮刀攪拌均勻。
3. 將蛋黃加入步驟 2 中，用橡皮刮刀攪拌均勻。
4. 將蛋白放入另一個廚師機中，加入細砂糖，打發至乾性狀態。
5. 將步驟 3 和步驟 4 混合，用橡皮刮刀以翻拌的手法拌勻，裝入裱花袋，備用。

扁桃仁酥粒

[配方]

扁桃仁碎......................50 克
葡萄糖漿......................40 克

[製作過程]

1. 將所有材料放入盆中，用橡皮刮刀攪拌均勻。
2. 放入鋪有矽膠墊的烤盤中，入烤箱以 150℃烘烤至表面焦糖化。

[配方]

牛奶巧克力 ....200 克
可可脂 ....50 克
扁桃仁酥粒 ....適量

[準備]

將牛奶巧克力融化。將可可脂融化。

[製作過程]

1. 將可可脂和牛奶巧克力融化以後混合,攪拌均勻。
2. 加入扁桃仁酥粒攪拌均勻,備用。

組合

[材料]

巧克力片 ....適量
金箔 ....適量

[製作過程]

1. 取出烤好的吉瓦那烤布蕾,將薩赫餅底放入模具中,放入冷凍庫冷凍成形。
2. 將巧克力慕斯擠入半球模具中(6 分滿),分成兩份。
3. 將塔納里瓦奶油和步驟 1 取出,脫模,分別放入步驟 2 中,輕輕壓緊,用抹刀刮平,放入冷凍庫冷凍成形。
4. 取出帶有步驟 1 的巧克力慕斯,脫模,用牙籤插入底部,將半球的弧面沾上淋醬,再放到金色底板上,輕輕下壓,取出牙籤。
5. 取出帶塔納瓦奶油的巧克力慕斯,脫模,用牙籤插入頂部,將整個慕斯放入牛奶巧克力淋面中,沾上淋面後,放到步驟 4 的上方,組成一個球狀,取出牙籤。
6. 最後將巧克力片交叉插在慕斯上方的兩邊,在中間放上金箔即可。

表層是酥脆微苦的巧克力塗層，裡面卻是口感香滑細膩、營養美味的榛果奶油，最底部是酥香略帶堅硬的塔底，三者完美地結合起來，十分可口，更是下午茶的首選！

★ MICHELIN ✕ DESSERT ★

榛果船形塔

配方名稱 / 類別	製作順序	預計時間	質地描述	口味描述
巧克力甜酥麵團	前期製作	40 分鐘	麵團狀	酥脆
榛果瑪德琳餅底	前期製作	30 分鐘	麵糊狀	榛果、奶香
黏的榛果醬	中期製作	20 分鐘	細膩的濃稠狀	榛果、香甜
榛果醬奶油	中期製作	30 分鐘	細膩的濃稠狀	榛果、奶香
巧克力塗層	後期製作	20 分鐘	細膩的濃稠狀	醇香

巧克力甜酥麵團

[配方]

奶油 (牛油)...............205 克
糖粉...........................155 克
精鹽..............................3 克
扁桃仁粉.......................50 克
T55 麵粉....................380 克
可可粉..........................25 克
全蛋............................9 0 克

[準備]

奶油切丁。糖粉、扁桃仁粉和 T55 麵粉過篩。

[製作過程]

1. 將糖粉、扁桃仁粉、T55 麵粉、精鹽、可可粉倒入廚師機中，慢速攪拌均勻。
2. 將奶油加入廚師機中，攪拌成沙狀。
3. 邊攪拌邊倒入全蛋液，攪拌成團，取出，包上保鮮膜，冰箱冷藏一夜。
4. 在烤盤中鋪上烘焙紙，取出麵團放在烤盤中，壓扁，再蓋一張烘焙紙，用擀麵棍擀成 0.3 公分厚，用刀裁出模具的周長以及底部。
5. 模具上稍微噴點脫模油，將裁好的麵團貼入模具中，用小刀裁掉上方多餘的部分，放入冰箱冷藏 20 分鐘，再放入烤箱以 160°C 烘烤 10 分鐘，取出後放涼備用。

榛果瑪德琳餅底

[配方]

全蛋..........................135 克
細砂糖(1)....................50 克
金黃砂糖.......................60 克
榛果泥.........................40 克
精鹽..............................2 克
牛奶............................35 克
低筋麵粉.....................105 克
奶油..........................125 克
花蜜 (液體)................25 克
蛋白............................65 克
細砂糖(2)....................15 克

[製作過程]

1. 將全蛋、細砂糖(1)、金黃砂糖、榛果泥、精鹽倒入廚師機中，用扇形攪拌器攪拌均勻。
2. 加入牛奶，拌勻，靜置 5 分鐘。
3. 再加入過篩好的低筋麵粉，拌勻。

4. 將奶油放入鍋中加熱成焦奶油，冷卻至 17℃，加入花蜜，用橡皮刮刀拌勻。

5. 取一部分步驟 3 與步驟 4 拌勻，再倒回到步驟 3 的麵糊中拌勻。

6. 將蛋白打至 6 成發，倒入細砂糖(2)，打成中性 (鳥嘴狀)，與步驟 5 拌勻，裝入裱花袋備用。

榛果醬奶油

[配方]

牛奶	270 克
香草莢 (雲尼拿條)	1 根
蛋黃	60 克
細砂糖	50 克
卡士達粉 (吉士粉)	25 克
榛果醬	50 克
榛果泥	35 克
柑曼怡香甜酒	15 克
奶油	100 克
吉利丁片 (魚膠片)	3 克
水	21 克

[準備]

吉利丁片和 21 克水提前浸泡。將奶油切丁軟化。香草莢取籽。

[製作過程]

1. 將香草籽、牛奶放入鍋中煮滾。

2. 將蛋黃、細砂糖、卡士達粉混合，用打蛋器打至乳化發白。

3. 將煮滾的步驟 1 過濾，取 1/3 倒入步驟 2 中拌勻，再倒回鍋中用打蛋器拌勻，中火加熱，做一個卡士達奶油。

4. 離火，加入泡好的吉利丁片，用卡士達奶油的餘熱將吉利丁片融化，拌勻。

5. 將榛果醬和榛果泥加入到步驟 4 中用打蛋器拌勻。

6. 再加入柑曼怡用打蛋器拌勻，冷卻至 40℃。

7. 在冷卻好的步驟 6 中加入軟化的奶油，用均質機充分的打勻。

8. 將步驟 7 用保鮮膜緊貼表面保存 (防止乾皮)，放入冰箱冷藏 2 小時，冷卻後取出，倒入廚師機中，充分的打發即可。

黏的榛果醬

[配方]

榛果醬......................200 克
榛果泥........................30 克
牛奶巧克力.................45 克

1. 將所有材料放入小盆中，隔水加熱拌勻
（使用之前，先加熱到 40°C 再進行）。

巧克力塗層

[配方]

牛奶巧克力................300 克
葡萄籽油.....................35 克

1. 將牛奶巧克力融化，加入葡萄籽油拌勻（將盆架在鍋上，鍋中放水，
利用蒸汽融化巧克力即可）。

主廚訣竅

因為配方中加入了葡萄籽油，
所以做出來後的塗層很薄脆。

組合

[材料]

榛果粒..........................適量

1. 在塔殼中擠上榛果瑪德琳軟餅底，每個約倒入 10 克，放入烤箱以
160°C 烘烤 11 分鐘。
2. 出爐待涼後，在表面擠入黏的榛果醬，輕輕的將頂端震平，放入
冷凍庫冷凍。
3. 凍硬後取出，在表面用大的圓花嘴擠上打發的榛果醬奶油，要一
邊擠，一邊做繞圈的動作。
4. 在奶油上方點綴榛果粒，放入冷凍庫冷凍。
5. 最後將巧克力塗層加熱到 40°C，將凍好的步驟 4 表面沾上巧克力
塗層即可。

大蛋糕

Big cake

奧德賽

★ MICHELIN ✕ DESSERT ★

　　此款甜點的特別之處在於層次的造型設計，在原有的噴面基礎上增加了新的創意。採用噴砂的手法，搭配局部的桃子果凍和白色翻糖花朵，色彩鮮明，口感豐富，每一處都是那麼的清新脫俗。

配方名稱／類別	製作順序	預計時間	質地描述	口味描述
玫瑰色噴醬	前期製作	20 分鐘	順滑的流狀液體	香甜
香草蛋白餅	前期製作	1.5 小時	細膩的濃稠狀	甜
蛋白餅底	前期製作	30 分鐘	麵糊狀	香甜
大黃果泥	中期製作	30 分鐘	濃稠的顆粒狀	清香
木槿桃子慕斯	中期製作	25 分鐘	細膩的濃稠狀	酸甜
桃子果凍	後期製作	20 分鐘	細膩的濃稠狀	酸、甜、軟

蛋白餅底

[配方]

牛奶.............................70 克
香草莢（雲尼拿條）.......半根
奶油（牛油）.................50 克
低筋麵粉.....................70 克
蛋黃.............................85 克
全蛋.............................50 克
蛋白...........................125 克
細砂糖 ....60 克

[準備]

將奶油切丁。香草莢取籽。

[製作過程]

1. 將牛奶、奶油、香草籽，放入鍋中煮開，離火，倒入過篩好的低筋麵粉，攪拌均勻。
2. 少量多次加入蛋黃、全蛋，充分拌勻後再加入下一次，直到將所有蛋液全部加入拌勻。
3. 將蛋白打發，分次加入細砂糖，打發至乾性狀態（鷹嘴狀），分次加入到步驟 2 中拌勻，最後倒在烤盤中，用抹刀抹平，放入烤箱以 170℃烘烤 5 分鐘，再將烤盤轉向烘烤 5 分鐘，根據矽膠模具大小進行裁切備用。

大黃果泥

[配方]

大黃.........................650 克
水 ....230 克
細砂糖 (1) ....70 克
細砂糖 (2) ....40 克
NH 果膠粉 ....14 克

[製作過程]

1. 將大黃、水、細砂糖 (1) 加入鍋中，煮至大黃變軟。
2. 加入細砂糖 (2) 和 NH 果膠粉的混合物拌勻。
3. 大黃煮成泥後用大火炒 1 分鐘收汁。
4. 分到 4 個矽膠模中，蓋上裁切好的蛋白餅底，備用。

主廚訣竅

1・大黃比較硬，製作時要用小火長時間煮。

2・大黃中的含水量非常少，煮的時候加入適量的水，這些水分在煮製的過程中會蒸發掉。

3・大黃煮滾後特別容易糊底，要不停的攪拌。

香草蛋白餅

[配方]

蛋白..........................100 克
細砂糖 ....100 克
糖粉..........................100 克
香草莢 (雲尼拿條) ....1 根

[準備]

香草莢取籽。

[製作過程]

1. 將蛋白放入廚師機中，分次加入細砂糖、香草籽，打至乾性狀態 (鷹嘴狀)。

2. 加入糖粉，邊加入邊用橡皮刮刀攪拌，要輕輕的攪拌，避免消泡。

3. 在烤盤中鋪上畫了圓圈的烘焙紙，將步驟 2 填入裝有裱花嘴的裱花袋中，以圓圈中心為起點繞圈。

4. 放入烤箱以 90℃烘烤約 1 小時，具體時間根據餅底的厚度來定。

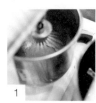

木槿桃子慕斯

[配方]

紅桃果泥....................800 克
水 (1)........................170 克
乾木槿花.....................30 克
蛋白..........................100 克
細砂糖 ....200 克
水 (3)........................50 克
打發動物性鮮奶油......385 克
吉利丁粉 (魚膠粉) ......19 克
水 (2)........................133 克

[準備]

吉利丁粉和水 (2) 提前浸泡。

[製作過程]

1. 將紅桃果泥和水 (1) 放入鍋中加熱煮滾，加入切碎的乾木槿花浸泡 10 分鐘，再用錐形濾網過濾。

2. 加入泡好的吉利丁粉，融化混合，再降溫至 27℃。

3. 將蛋白放入廚師機中打發，再將細砂糖和水 (3) 放入另一個鍋中加熱到 121℃，再沿鍋壁倒入打發蛋白中，做出義式蛋白霜，取少量蛋白霜加入到 27℃的步驟 2 中拌勻，再倒回蛋白霜的桶中混合拌勻。

4. 在步驟 3 中分次加入打發動物性鮮奶油，用橡皮刮刀以翻拌的手法充分拌勻。

桃子果凍

[配方]

細砂糖 ....45 克
天然洋菜 (寒天)............2 克
水 (2) ....90 克
紅桃果泥....................300 克
黃檸檬汁 ....30 克
法芙娜鏡面果膠 ....適量
吉利丁粉 (魚膠粉) ....5 克
水 (1) ....35 克

[準備]

香草莢取籽。

[製作過程]

1. 將水 (2) 放入鍋中加熱，加入細砂糖和天然洋菜的混合物，加熱煮滾，離火，加入泡好的吉利丁粉，融化拌勻。
2. 將紅桃果泥和黃檸檬汁混合放入另一個鍋中加熱煮滾。
3. 將步驟 1 與步驟 2 混合拌勻，用滴壺擠 100 克到模具中，放入冷凍庫冷凍，凍硬後脫模，用噴槍在表面噴上法芙娜鏡面果膠，備用。

玫瑰色噴醬

[配方]

33% 白巧克力............350 克
可可脂 ....150 克
覆盆子紅可可脂 ....60 克

[製作過程]

1. 將所有材料混合放入鍋中，融化拌勻即可，保鮮膜緊貼表面保存，冷藏。

組合

[材料]

翻糖花 ....適量

[製作過程]

1. 將香草蛋白餅表面塗上白巧克力，放置在圓圈模具的中間。
2. 在步驟 1 上放入兩匙木槿桃子慕斯，再加入大黃果泥和蛋白餅底的夾層，再倒滿木槿桃子慕斯，抹平表面，放入冷凍庫冷凍。
3. 將步驟 2 取出後脫模，在表面用噴槍噴上一層玫瑰色噴醬。
4. 在步驟 3 頂端的中間位置擺放上桃子果凍，加上翻糖花裝飾即可。

 主廚訣竅

在香草蛋白餅表面刷上一層薄薄的白巧克力，可以防止受潮，使餅底有脆脆的口感。

創造質感！噴砂的注意事項

　　噴砂噴出的不是粉，而是液體。液體是由巧克力和可可脂按 1：1 的比例混合溶解而成，再進行噴灑。可加入可溶性色素來進行調色。噴灑前，產品需急凍，使表面溫度下降。當巧克力和可可脂混合物噴上去後，會迅速凝結成細小的顆粒。不停噴灑至覆蓋整個面後，呈現一層絨面的效果，層次感鮮明，整體效果比篩粉更加夢幻。

▶掌握噴砂技巧

1・溫度對於噴砂的效果有著非常大的影響，所以溫度的調節是噴砂過程中最重要的關鍵。一般情況下：

　　①噴砂溫度要在 35℃～ 45℃之間進行噴灑，如果溫度低於 35℃，會在噴槍中凝固，導致噴槍堵塞。

　　②槍頭與蛋糕之間距離約 80 公分，能更好的使表面均勻上色。

2・需噴砂的產品必須徹底冷凍，立刻從冰箱中取出或從模具中脫出為最佳狀態，不宜置於室溫中時間過長。

3・噴壺中的噴液體積最少要達到 1/3 的量，噴液量過少可能會導致噴灑出線條狀，不均勻。

4・噴塗時注意控制槍頭距離蛋糕的距離和噴塗次數及噴液量，距離過近或噴液過多均會導致蛋糕表面形成液態狀流動。

5・噴槍在使用後，需要立即清理乾淨，防止堵塞。

▶做出有粗有細的噴砂效果

　　在巧克力和可可脂比率為 1：1 時，想要噴出較大顆粒的效果可將噴砂液體的溫度降低（最低為 35℃），溫度越低則顆粒感越明顯，溫度越高則顆粒越細膩。

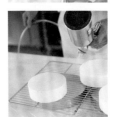

別具一格

　　栗子厚實細膩的口感伴隨著慕斯散發出獨有的氣息，再配上酸甜的橘子和入口既化的綿軟夾層，猶如迎面秋風般沁人心脾。細膩濃稠的蒙布朗奶油透過裱花嘴擠出細細長長的褐色奶油裝飾，每一處都彰顯著它獨有的特色，正如它的名字一樣別具一格。

配方名稱 / 類別	製作順序	預計時間	質地描述	口味描述
橘子淋面	前期製作	20 分鐘	順滑的流狀液體	酸、甜、軟
手指餅	前期製作	25 分鐘	麵糊狀	柔軟、濕潤
香草蘭姆酒糖漿	中期製作	15 分鐘	液體狀	濃郁酒香
橘子果醬	中期製作	20 分鐘	濃稠有顆粒	酸、甜
卡士達奶油	後期製作	20 分鐘	細膩的濃稠狀	酸、甜
香緹奶油混合物	後期製作	15 分鐘	細膩的濃稠狀	微酸、奶香
栗子巴巴露亞	後期製作	30 分鐘	細膩順滑	栗子、奶香味
蒙布朗奶油	後期製作	15 分鐘	細膩的濃稠狀	栗子酒香

手指餅

[配方]

蛋白............................70 克
細砂糖 ....50 克
蛋黃............................40 克
香草莢 (雲尼拿條) ....半根
低筋麵粉.....................35 克
玉米粉 ....15 克
糖粉............................25 克

[準備]

將香草莢取籽備用。

[製作過程]

1. 將蛋白倒入廚師機中，加入細砂糖和香草籽，打至中性發泡。
2. 加入蛋黃，用橡皮刮刀攪拌均勻。
3. 加入過篩的低筋麵粉、玉米粉和糖粉，用橡皮刮刀以翻拌的手法拌勻。
4. 將麵糊填入裝有裱花嘴的裱花袋中。在烘焙紙中擠出圓圈，從圓圈的中心往外繞圈即可，放入烤箱以 180℃烘烤 10 分鐘。

1   2   3   4

香草蘭姆酒糖漿

[配方]

水 ....200 克
細砂糖 ....40 克
香草莢 ....半根
棕色蘭姆酒 ....20 克

[準備]

將香草莢取籽。

[製作過程]

1. 將水和細砂糖放入鍋中，加熱煮滾。
2. 再加入棕色蘭姆酒和香草籽，攪拌均勻，備用。

1   2

橘子果醬

[配方]

柳橙..........................175 克
橘子果泥....................90 克
細砂糖........................30 克
NH 果膠粉....................2 克
糖漬柳丁....................20 克

[準備]

將柳橙切丁。

[製作過程]

1. 將柳橙和一部分細砂糖放入料理機中，攪拌均勻。
2. 再加入糖漬柳橙和橘子果泥，攪拌均勻。
3. 將步驟 2 倒入鍋中，用電磁爐加熱煮滾。
4. 煮滾後離火，放入剩下一部分的細砂糖和 NH 果膠粉，攪拌均勻。

卡士達奶油

[配方]

橘子果泥....................125 克
橙皮屑........................適量
細砂糖........................25 克
蛋黃..........................25 克
卡士達粉（吉士粉）......10 克
低筋麵粉....................10 克
拿破崙柑橘利口酒........30 克
檸檬汁..........................5 克

[製作過程]

1. 將橘子果泥放入鍋中，用電磁爐加熱，再放入橙皮屑加熱煮滾。
2. 將蛋黃和細砂糖混合，用打蛋器攪拌均勻。
3. 加入卡士達粉和低筋麵粉，用打蛋器攪拌均勻。
4. 取一部分步驟 1 加入步驟 3 中拌勻，再倒回鍋中繼續煮滾。
5. 將煮滾的步驟 4 放涼冷卻，加入拿破崙柑橘利口酒和檸檬汁，攪拌均勻。
6. 最後將卡士達奶油倒入鋪了保鮮膜的烤盤中，用保鮮膜包起來，放入冰箱冷藏，備用。

香緹奶油混合物

[配方]

卡士達奶油 (牛油) ....400 克
打發動物性鮮奶油......280 克

[製作過程]

1. 將卡士達奶油放入廚師機，攪拌均勻。
2. 將步驟 1 和打發動物性鮮奶油混合拌勻，裝入裱花袋，備用。

栗子巴巴露亞

[配方]

牛奶..........................200 克
蛋黃............................60 克
栗子抹醬....................100 克
吉利丁粉 (魚膠粉) ....5 克
水 ....30 克
蘭姆酒 ....25 克
馬斯卡彭奶油.............200 克

[準備]

將吉利丁粉和水浸泡。

[製作過程]

1. 將牛奶倒入鍋中，用電磁爐加熱。
2. 加入栗子抹醬，用打蛋器攪拌均勻，加熱煮滾。取一部分倒入蛋黃中拌勻，再倒回鍋裡，繼續加熱煮滾。
3. 將泡好的吉利丁粉和蘭姆酒放入鍋中，攪拌均勻，離火，冷卻至40°C。
4. 將馬斯卡彭奶油放入廚師機中，打發至乾性狀態。
5. 將步驟 3 分次加入打發好的馬斯卡彭奶油中，攪拌均勻，備用。

橘子淋面

[配方]

細砂糖 ....280 克
動物性鮮奶油.............320 克
橘子果泥....................320 克
玉米粉 ....30 克
拿破崙柑橘利口酒........50 克
吉利丁粉 ....10 克
水 ....60 克
食用橘色色素...............適量

[準備]

將吉利丁粉和水浸泡。

[製作過程]

1. 將動物性鮮奶油和橘子果泥倒入鍋中，用電磁爐小火進行加熱。
2. 加入細砂糖，用打蛋器攪拌均勻。
3. 加入橘色色素，攪拌均勻。

4. 將拿破崙柑橘利口酒和玉米粉混合拌勻，再倒入鍋中攪拌均勻。
5. 離火，降溫至 80℃左右，加入泡好的吉利丁，攪拌均勻，倒入量杯中，用均質機攪拌均勻，備用。

蒙布朗奶油

[配方]

奶油 (牛油)................100 克
栗子抹醬.....................40 克
棕色蘭姆酒..................10 克

[準備]

將奶油軟化成膏狀。

[製作過程]

1. 將奶油和栗子抹醬混合拌勻，再加入棕色蘭姆酒，攪拌均勻，填入裝有裱花嘴的裱花袋中，備用。

組合

[材料]

橘色巧克力片................適量
金箔............................適量
栗子抹醬.....................適量

[製作過程]

1. 取出手指餅，用圈模切出圓形，將香草蘭姆酒浸泡糖漿用刷子刷在手指餅的底部。

2. 將橘子果醬倒在手指餅上，用小的抹刀抹平。
3. 將步驟 2 放入一樣大的圈模中，擠入香緹奶油混合物，再蓋上手指餅，放入冷凍庫冷凍成形。
4. 在烤盤中放入圈模，將栗子巴巴露亞倒入圈模中(5 分滿)。
5. 將步驟 3 取出脫模，放入步驟 4 中，輕輕下壓，用抹刀將表面刮平，放入冷凍庫冷凍成形。
6. 取出步驟 5，脫模，將橘子淋面均勻的淋在慕斯表面，再將慕斯底部的淋面刮平，放到金色底板上。
7. 在慕斯表面，擠上一條蒙布朗奶油，插上橘色巧克力片，放上金箔，再擠上栗子抹醬即可。

  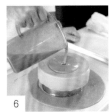 

波拉波拉

波拉波拉是法國一個很美麗的島嶼,在波拉波拉島上,有很多的椰子樹和熱帶水果,物產豐富,景色宜人。此款甜點,有新鮮豐富的水果、柔軟濕潤的餅底、濃郁誘人的椰香,正如波拉波拉島嶼一樣,耐人尋味。

配方名稱 / 類別	製作順序	預計時間	質地描述	口味描述
椰子打發甘納許	前期製作	20 分鐘	細膩的濃稠狀	椰子奶香
椰子軟餅底	前期製作	30 分鐘	麵糊狀	柔軟、椰香
焦糖鳳梨	中期製作	30 分鐘	顆粒狀	酸甜
熱帶水果果泥	中期製作	30 分鐘	濃稠的顆粒狀	酸甜
山椒熱帶水果奶油	後期製作	25 分鐘	細膩的濃稠狀	香甜

椰子軟餅底

[配方]

扁桃仁粉.....................315 克
糖粉.............................315 克
香草莢 (雲尼拿條)........1 根
全蛋.............................315 克
椰絲.............................155 克
蛋白.............................155 克
細砂糖.........................40 克
奶油 (牛油)...............220 克

[準備]

將奶油切丁軟化。香草莢取籽。扁桃仁粉、糖粉過篩。

[製作過程]

1. 將扁桃仁粉、糖粉、香草籽、全蛋一起放入料理機中攪拌均勻,只需拌勻即可取出。
2. 將椰絲加入步驟 1 中用橡皮刮刀拌勻。
3. 將蛋白放入廚師機中打發,分次加入細砂糖,打至乾性狀態(鷹嘴狀)。
4. 將步驟 2 和步驟 3 混合用橡皮刮刀以翻拌的手法拌勻。
5. 取少量的步驟 4 與軟化好的奶油拌勻,再倒回麵糊中混合拌勻。
6. 將步驟 5 倒入鋪有矽膠墊的烤盤中,用抹刀抹平,放入烤箱以 150°C烘烤 8 分鐘,再將烤盤轉向烘烤 8 分鐘即可。

註:可做一塊 40 公分 ×60 公分的餅底。

焦糖鳳梨

[配方]

奶油 (牛油)...............25 克
新鮮鳳梨丁 (菠蘿丁)..500 克
去皮生薑......................7 克
金黃砂糖.....................25 克

[製作過程]

1. 將平底鍋加熱，加入奶油，再倒入新鮮鳳梨丁，用橡皮刮刀拌勻。
2. 再將生薑用刨刀刨成細絲，加入鍋中。
3. 最後倒入金黃砂糖，用橡皮刮刀炒煮至柔軟，使砂糖焦化即可。

熱帶水果果泥

[配方]

熱帶水果果泥.............350 克
香草莢 (雲尼拿條).......1 根
細砂糖.........................50 克
NH 果膠粉 ....7 克
青檸汁.........................40 克
焦糖鳳梨....................300 克
吉利丁粉 (魚膠粉).......5 克
水................................35 克

[準備]

吉利丁粉和 35 克水浸泡。

[製作過程]

1. 將熱帶水果果泥、香草莢一起加入鍋中，加熱至 40℃。
2. 加入細砂糖和 NH 果膠粉的混合物，用打蛋器攪拌均勻，煮滾。
3. 離火，加入泡好的吉利丁粉，融化拌勻。
4. 加入青檸汁，用均質機打勻。
5. 將做好的焦糖鳳梨倒入步驟 4 中拌勻，隔冰塊降溫備用。

山椒熱帶水果奶油

[配方]

全蛋...........................600 克
細砂糖 ....200 克
芒果果泥....................200 克
百香果果泥 ....300 克
香草莢 ....1 根
山椒子 ....3 克
33% 白巧克力............100 克
奶油..........................375 克
吉利丁粉.......................8 克
水 ....56 克

[準備]

吉利丁粉和 56 克水提前浸泡。香草莢取籽。

[製作過程]

1. 將全蛋、細砂糖混合，用打蛋器打至乳化發白。
2. 將芒果果泥、百香果果泥、香草籽一起放入鍋中煮滾，加入山椒子浸泡 10 分鐘，用錐形網篩過濾到盆中，加入步驟 1 拌勻。
3. 加入泡好的吉利丁粉，融化拌勻。
4. 利用步驟 3 的餘熱，加入白巧克力，使巧克力充分的乳化。
5. 將步驟 4 冷卻至 40℃，加入軟化的奶油，用均質機拌勻備用。

椰子打發甘納許 (Ganache)

[配方]

椰子果泥.....................150 克
香草莢 ....1 根
33% 白巧克力............200 克
動物性鮮奶油.............270 克

[準備]

香草莢取籽。

[製作過程]

1. 將椰子果泥和香草籽一起放入鍋中煮滾。
2. 再將煮滾的步驟 1 邊攪拌邊慢慢地倒入融化的白巧克力中拌勻。
3. 最後倒入動物性鮮奶油拌勻，用保鮮膜緊貼表面保存，冷藏一個晚上，再取出打發使用。

[材料]

鏡面果膠......................適量
新鮮椰子......................適量
銀箔...........................適量
椰絲...........................適量
食用銀粉......................適量

[準備]

將吉利丁粉和水浸泡。

[製作過程]

1. 將椰子軟餅底用刀切開，分成 1 塊 40 公分 ×30 公分的餅底和 2 塊 40 公分 ×15 公分的餅底。

2. 將 40 公分 ×30 公分的餅底放入模具中，倒入熱帶水果果泥，用抹刀抹平，放入冷凍庫凍硬。

3. 將步驟 2 取出，在表面倒一層山椒熱帶水果奶油，用抹刀抹平，再放入冷凍庫凍硬。

4. 取出步驟 3 對半切開，在一塊的表面抹上剩餘的山椒熱帶水果奶油。

5. 將另一塊蓋在上面，用手按壓緊實。

6. 在步驟 5 表面抹上適量的山椒熱帶水果奶油，並蓋上一塊 40 公分 × 15 公分的餅底，在表面抹上薄薄的一層鏡面果膠。

7. 在椰絲中加入適量的銀粉拌勻。

8. 把步驟 7 均勻的撒在蛋糕表面(兩個面都是同樣的做法)。

9. 將步驟 8 切成自己想要的大小，將橫截面朝上，在表面用聖托諾雷花嘴將椰子打發甘納許擠成 S 線條。

10. 最後將新鮮椰子切半，用小刀刨成卷，擺放在甘納許的上面，點綴上銀箔即可。

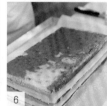

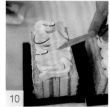

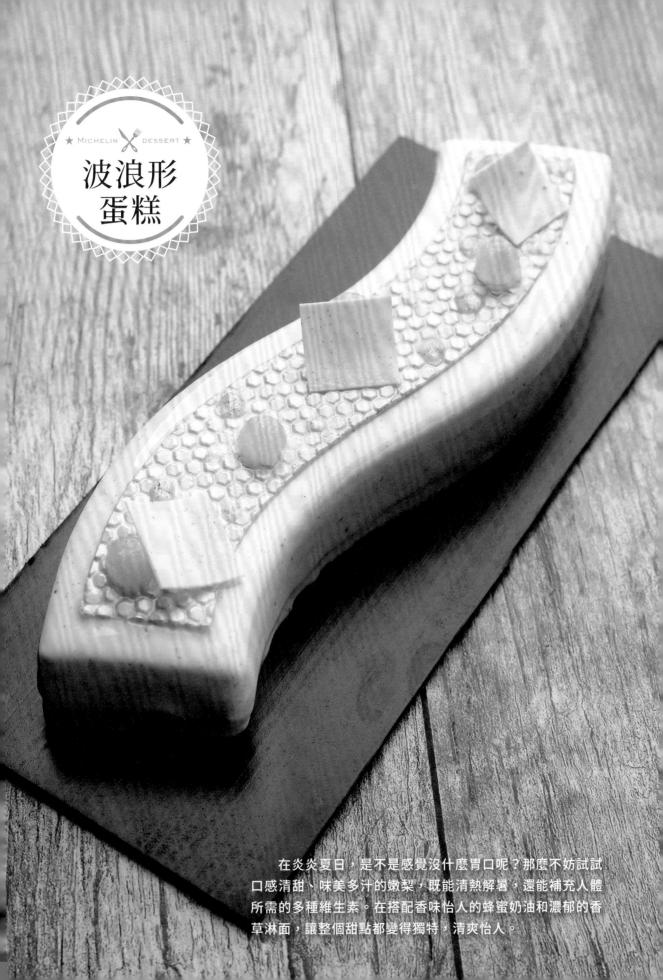

波浪形蛋糕

在炎炎夏日，是不是感覺沒什麼胃口呢？那麼不妨試試口感清甜、味美多汁的嫩梨，既能清熱解暑，還能補充人體所需的多種維生素。在搭配香味怡人的蜂蜜奶油和濃郁的香草淋面，讓整個甜點都變得獨特，清爽怡人。

配方名稱 / 類別	製作順序	預計時間	質地描述	口味描述
香草白色淋面	前期製作	25 分鐘	順滑的流狀液體	奶香
塔納里瓦費南雪	前期製作	30 分鐘	麵糊狀	堅果、柔軟
梨膠果泥	前期製作	30 分鐘	顆粒狀	香甜梨子味
梨巴巴露亞	中期製作	25 分鐘	細膩的濃稠狀	香甜、奶香
零陵香豆蜂蜜奶油	中期製作	30 分鐘	細膩的濃稠狀	香甜
煮過的梨	後期製作	30 分鐘	顆粒狀	甜、軟

塔納里瓦費南雪

[配方]

扁桃仁粉....................375 克
糖粉..........................300 克
玉米粉 ....23 克
蛋白..........................540 克
動物性鮮奶油.............150 克
牛奶巧克力 ....150 克
扁桃仁碎....................100 克

[準備]

扁桃仁粉過篩。

[製作過程]

1. 將扁桃仁粉、糖粉、玉米粉、蛋白、動物性鮮奶油一起加入到料理機中，攪打均勻，約 1 分鐘左右。
2. 將牛奶巧克力用 45℃的溫水融化，加入到步驟 1 中攪拌均勻。
3. 將步驟 2 倒入鋪有烘焙紙的烤盤中，表面抹平，撒上扁桃仁碎，放入烤箱 180℃烘烤 6 分鐘，將烤盤轉向再烘烤 6 分鐘。
4. 出爐後倒扣，撕掉烘焙紙，最後用 S 型模具壓出餅底。

梨膠果泥

[配方]

西洋梨 (啤梨) ....1000 克
奶油 (牛油)................40 克
蜂蜜..........................20 克
梨酒..........................15 克
黃檸檬汁.....................25 克
吉利丁片 (魚膠片) ....6 克
水 ....42 克

[準備]

吉利丁片和 42 克的水提前浸泡。將奶油切成小塊。

[製作過程]

1. 將西洋梨洗淨去皮去蒂，用刀切成 1 公分大小的塊狀。
2. 將奶油放入平底鍋中加熱融化，加入切好的梨子塊用橡皮刮刀翻炒，約 7 分鐘。
3. 將蜂蜜加入鍋中，用橡皮刮刀繼續拌勻翻炒 15 分鐘，徹底煮爛梨子。

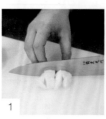  

4. 將梨酒和檸檬汁加入翻炒均勻。
5. 再加入泡好的吉利丁片，融化拌勻，再翻炒約 3 分鐘。
6. 將步驟 5 倒入底部包有保鮮膜的模具中，倒 150 克（約五分滿），
   放入冷凍庫冷凍。

主廚訣竅

如果梨子塊需要提前準備，最好在裡面加一些檸檬汁，防止梨子氧化變黑。梨子煮得越爛越好，但不能煮成果醬，所以加入蜂蜜後，就盡量不用再翻炒了，只要確保不黏底就好。

零陵香豆蜂蜜奶油

[配方]

動物性鮮奶油.............430 克
香草莢（雲尼拿條）........1 根
零陵香豆 (Tonka bean) ..2 個
蛋黃............................85 克
蜂蜜............................50 克
細砂糖.........................25 克
X58 冷凝果膠.................5 克

[準備]

香草莢取籽。

[製作過程]

1. 將動物性鮮奶油和香草籽放入鍋中，煮至煮滾。
2. 將零陵香豆莢用刨刀刨到步驟 1 中，混合在一起，浸泡 10 分鐘，
   使其充分的發揮味道。
3. 將蛋黃和蜂蜜混合，用橡皮刮刀拌勻。
4. 將浸泡好的步驟 2 過濾掉豆屑，邊加熱邊倒入細砂糖與 X58 冷凝
   果膠的混合物，用打蛋器拌勻煮滾，可以使果膠充分的發揮作用。
5. 將步驟 4 取一部分倒入步驟 3 中拌勻，再倒回鍋中加熱到 83℃～
   85℃。
6. 用均質機將步驟 5 打勻，使其更加細膩。
7. 取出梨膠果泥，用滴壺將步驟 6 倒入模具中後，輕輕地震一下烤
   盤，震出中間多餘的空氣，放入冷凍庫繼續冷凍。

梨巴巴露亞

[配方]

梨子果泥.....................500 克
香草莢 (雲尼拿條).......2 根
蛋黃...........................110 克
蜂蜜............................85 克
吉利丁粉 (魚膠粉)........8 克
水..............................56 克
動物性鮮奶油............420 克

主廚訣竅

80℃～ 85℃的溫度可以將全蛋煮熟，並殺菌，因此一定要注意溫度。

[準備]

將吉利丁粉和 56 克的水提前浸泡。將香草莢取籽。

[製作過程]

1. 將梨子果泥和香草籽放入鍋中煮滾。
2. 將蛋黃和蜂蜜混合，用橡皮刮刀拌勻。
3. 將步驟 1 取出一部分倒入步驟 2 中拌勻，再倒回鍋中，用打蛋器拌勻，煮到 80℃～ 85℃。
4. 離火降溫後，加入泡好的吉利丁粉融化拌勻，用均質機打勻，過濾，再降溫到 27℃。
5. 將動物性鮮奶油打發，分次加入步驟 4 中拌勻備用。

香草白色淋面

[配方]

無糖煉乳 (煉奶)........360 克
水.............................230 克
葡萄糖漿.....................80 克
香草莢 ....2 根
白色色粉.....................24 克
細砂糖 ....80 克
NH 果膠粉 ....14 克
無色鏡面果膠.............960 克

主廚訣竅

重複使用淋面時，請放入量杯，用微波爐加熱至 40℃再使用。

[準備]

香草莢取籽。細砂糖和 NH 果膠粉混合拌勻。

[製作過程]

1. 將無糖煉乳、水、葡萄糖漿、香草籽加入鍋中，攪拌均勻，再加入白色色粉拌勻。
2. 邊攪拌邊加入細砂糖和 NH 果膠粉的混合物，加熱煮滾。
3. 離火後加入無色鏡面果膠，用均質機拌勻。
4. 用錐形網篩將步驟 3 過濾，用保鮮膜緊貼表面保存，冷藏一晚使用，使其更好的排出氣泡。

煮過的梨

[配方]

梨 ....3 個
水 ....500 克
細砂糖 ....150 克
檸檬汁 ....適量
鏡面果膠.......................適量

[準備]

將梨子去皮洗淨。

[製作過程]

1. 將細砂糖、水、梨子放在鍋中煮開後，用挖球器將梨子果肉取出。

2. 在煮開的糖水中加入梨球和檸檬汁，離火浸泡使梨子變軟，泡好後瀝乾水分，倒入鏡面果膠中，使梨球完整裹上一層鏡面果膠。

🎩 主廚訣竅

配方中的檸檬汁，是為了防止做出來的梨變黑。在浸泡的過程中要不時的攪拌，使梨子受熱均勻。

頂端裝飾巧克力

[配方]

白巧克力........................適量
香草籽 ....適量
食用金粉........................適量

[製作過程]

1. 白巧克力調溫，先升到 45℃ 後，倒在大理石桌面上降溫到 26℃ ～ 27℃，再加熱到 29℃，加入香草籽拌勻，倒在巧克力用膠片上，用抹刀均勻的抹平，等它冷卻凝固後，用火槍把 S 型模具加熱到 37℃，壓在巧克力片上，進行裁切。

2. 在巧克力表面用毛刷刷上金粉，即可。

組合

[製作過程]

1. 在塔納里瓦費南雪餅底上擠入梨巴巴露亞，擠到模具一半的位置即可。

2. 在中間放上零陵香豆蜂蜜奶油。

3. 在模具中擠滿梨巴巴露亞，用抹刀抹平，放入冷凍庫，凍硬。

4. 在烤盤中鋪一層保鮮膜，放上網架，把步驟 3 脫模放在網架上，在表面均勻的淋上香草白色淋面，用抹刀抹平。

5. 等淋面凝固後處理好底部的毛邊，放上做好的金色巧克力片，再均勻的擺上 5 顆梨球，以及裝飾巧克力片。

6. 在放置梨球的鏡面果膠中篩入香草籽，拌勻，裝入裱花袋，擠出大小不一的圓點，呈現自然排列，為蛋糕表面進行裝飾。

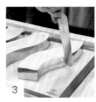

橘子扁桃仁醬
木紫蛋糕

濃郁絲滑的扁桃仁奶油搭配清新可口的橘子，正如其名，清新而神祕，精緻的造型、材料的搭配，每一處都充滿了濃濃的少女心，入口就是爆炸般的感覺！

配方名稱／類別	製作順序	預計時間	質地描述	口味描述
牛奶巧克力淋面	前期製作	20 分鐘	順滑的	奶香、微苦
榛果達克瓦茲餅底	前期製作	30 分鐘	麵糊	濕潤、柔軟
榛果碎	前期製作	20 分鐘	顆粒狀	酥脆
脆餅底	前期製作	20 分鐘	糊狀	酥脆
焦糖榛果	前期製作	15 分鐘	顆粒狀	脆、甜
橘子果醬	中期製作	20 分鐘	濃稠有顆粒	酸、甜
卡士達奶油	中期製作	25 分鐘	細膩的濃稠狀	酸甜
橘子外交官奶油	中期製作	20 分鐘	細膩的濃稠狀	微酸、奶香
扁桃仁醬奶油	中期製作	35 分鐘	細膩的濃稠狀	堅果、奶油味
榛果扁桃仁醬慕斯	後期製作	35 分鐘	細膩的濃稠狀	堅果、奶油味

橘子果醬

[配方]

柳橙..........................175 克
橘子果泥.....................90 克
細砂糖.........................30 克
NH 果膠粉 ....2 克
糖漬柳橙.....................20 克

[準備]

將柳橙切丁。

[製作過程]

1. 將柳橙和部分細砂糖放入料理機中，攪拌均勻。
2. 再加入糖漬柳橙和橘子果泥，攪拌均勻。
3. 將步驟 2 倒入鍋中，用電磁爐加熱煮滾。
4. 最後放入剩下的細砂糖和 NH 果膠粉的混合物，攪拌均勻。

榛果碎

[配方]

奶油 (牛油)................40 克
T45 麵粉.......................40 克
金黃砂糖.....................20 克
榛果粉.........................15 克

[準備]

將奶油融化成液態。

[製作過程]

1. 將 T45 麵粉、金黃砂糖和榛果粉混合，攪拌均勻。
2. 加入融化好的奶油，攪拌均勻。拌勻後碾碎，均勻的放入鋪有烘焙紙的烤盤中，再放入烤箱以 150℃烘烤 15 分鐘，備用。

榛果達克瓦茲餅底

[配方]

榛果粉.........................35 克
扁桃仁粉.....................35 克
細砂糖(1)....................70 克
T45 麵粉.......................40 克
蛋白............................110 克
細砂糖(2)....................40 克
榛果碎.........................40 克

[製作過程]

1. 將蛋白和細砂糖(2)放入廚師機中，打發至乾性狀態。
2. 將扁桃仁粉、榛果粉和 T45 麵粉過篩，加入細砂糖(1)拌勻。
3. 將步驟 2 加入步驟 1 中，用橡皮刮刀以翻拌的手法拌勻，裝入裱花袋中。
4. 將步驟 3 在烘焙紙上擠出圓形，從圓形中心往外擠，在表面撒上榛果碎，放入烤箱以 180℃烘烤 15 分鐘。

卡士達奶油

[配方]

橘子果泥.....................125 克
橙汁............................125 克
橙皮屑.........................適量
細砂糖.........................50 克
蛋黃............................50 克
卡士達粉 (吉士粉)......20 克
T45 麵粉.......................20 克
拿破崙柑橘利口酒........50 克
檸檬汁.........................10 克

[製作過程]

1. 將橘子果泥、橙汁和橙皮屑放入鍋中，加熱煮滾。
2. 將蛋黃和細砂糖混合，用打蛋器打至乳化發白。
3. 將卡士達粉和 T45 麵粉加入步驟 2 中，攪拌均勻。
4. 取部分步驟 1 倒入步驟 3 中拌勻，再倒回鍋中加熱煮滾。
5. 最後加入拿破崙柑橘利口酒和檸檬汁，用打蛋器攪拌均勻，用保鮮膜包住，放入冰箱冷藏，備用。

橘子外交官奶油

[配方]

卡士達奶油 ....200 克
打發動物性鮮奶油......140 克

[製作過程]

1. 將打發動物性鮮奶油分次加入卡士達
   奶油中，攪拌均勻。

扁桃仁醬奶油

[配方]

動物性鮮奶油(1) ....25 克
吉利丁粉（魚膠粉）........4 克
水 ....28 克
榛果扁桃仁醬.............100 克
榛果泥 ....20 克
動物性鮮奶油(2) ....55 克

[準備]

將吉利丁粉和水浸泡。

[製作過程]

1. 將動物性鮮奶油(1)加入鍋中，加熱煮滾。
2. 再加入泡好的吉利丁粉，用打蛋器攪拌均勻。
3. 將榛果泥和榛果扁桃仁醬混合，攪拌均勻。
4. 將步驟 2 加入步驟 3 中，用橡皮刮刀攪拌均勻。最後分次加入動物性鮮
   奶油(2)拌勻。
5. 倒入量杯中，用均質機攪拌均勻。

  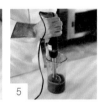

脆餅底

[配方]

榛果扁桃仁醬.............120 克
黑巧克力.....................30 克
榛果碎 ....90 克
奶油薄脆片 ....20 克
糖漬柳橙切丁...............17 克
橙皮屑 ....適量
榛果泥 ....40 克

[準備]

將黑巧克力融化。

[製作過程]

1. 將融化好的黑巧克力、榛果扁桃仁醬、橙皮屑和榛果泥混合，攪拌均勻。
2. 再加入奶油薄脆片、糖漬柳橙切丁和榛果碎，攪拌均勻。
3. 最後在烤盤上放入圈模，將步驟 2 放入圈模中，用叉子壓平，取下圈模，
   放入冷凍庫冷凍成形。

焦糖榛果

[配方]

細砂糖 ....50 克
水 ....20 克
香草莢 (雲尼拿條) ....半根
榛果碎 ....40 克
奶油 (牛油) ....10 克
鹽之花 ....1 克

[準備]

將奶油切丁。將香草莢取籽。

[製作過程]

1. 將細砂糖和水放入鍋中，加熱煮至 115℃。
2. 加入榛果碎，用橡皮刮刀攪拌均勻後，繼續加熱至焦糖化。
3. 離火，趁熱加入奶油、香草籽和鹽之花，攪拌均勻。
4. 將步驟 4 倒入鋪有矽膠墊的烤盤中，鋪開，冷卻，備用。

榛果扁桃仁醬慕斯

[配方]

細砂糖 ....35 克
水(1) ....12 克
蛋黃 ....45 克
全蛋 ....20 克
動物性鮮奶油(1) ....100 克
吉利丁粉 (魚膠粉) ....6 克
水(2) ....36 克
榛果扁桃仁醬 ....130 克
動物性鮮奶油(2) ....240 克

[準備]

將吉利丁粉和水（2）浸泡。

[製作過程]

1. 將動物性鮮奶油(2)放入廚師機中，打發至乾性狀態。
2. 將細砂糖和水(1)放入鍋中，加熱煮至 121℃。
3. 將全蛋和蛋黃混合，放入另一個廚師機中，邊攪拌邊加入步驟 2，攪拌均勻。
4. 將動物性鮮奶油(1)放入鍋中，加熱煮滾，離火，加入泡好的吉利丁粉，攪拌均勻。
5. 將步驟 4 分次加入榛果扁桃仁醬中拌勻，用均質機攪拌均勻。
6. 最後將步驟 3 加入步驟 5 中，用橡皮刮刀攪拌均勻。再加入打發好的步驟 1，用橡皮刮刀以翻拌的手法拌勻，備用。

牛奶巧克力淋面

[配方]

水（1）........................560 克
動物性鮮奶油............250 克
細砂糖 ....100 克
葡萄糖漿...................150 克
牛奶巧克力 ....300 克
黑巧克力....................50 克
吉利丁粉....................10 克
水（2）.........................60 克

[準備]

將吉利丁粉和水（2）浸泡。

[製作過程]

1. 將水（1）、動物性鮮奶油、細砂糖和葡萄糖漿加入鍋中，用電磁爐加熱至70℃左右。
2. 離火，將黑巧克力和牛奶巧克力加入鍋中，用打蛋器攪拌均勻，繼續加熱至103℃。
3. 將步驟 2 降溫至 40℃，再加入泡好的吉利丁粉攪拌融化，用均質機攪拌均勻，備用。

組合

[材料]

橘色巧克力線條 ....適量
橘色巧克力方片 ....適量
白色巧克力方片 ....適量

[製作過程]

1. 取出榛果達克瓦茲餅底（4個），底部朝上，將其中 2 個餅底抹上橘子果醬，再用圈模壓成圓形餅底（模具不取）。

2. 將扁桃仁醬奶油倒入步驟 1 的餅底上，將剩餘 2 塊餅底用圈模切成圓形，放在奶油上面，輕輕壓緊，放入冷凍庫冷凍成形。
3. 取出步驟 2，將橘子外交官奶油倒入模具中，用抹刀將表面刮平，放入冷凍庫冷凍成形。
4. 在烤盤中放入比步驟 1 中大一號的圈模，將榛果扁桃仁慕斯倒入圈模中（7 分滿）。
5. 取出步驟 3，脫模，放入步驟 4 的慕斯中間位置，輕輕下壓，再加入榛果扁桃仁慕斯（9 分滿）。
6. 將脆餅底放入步驟 5 的慕斯上，輕輕下壓，用抹刀將表面刮平，放入冷凍庫冷凍成形。
7. 取出步驟 6，脫模，將牛奶巧克力淋面均勻地淋在慕斯表面，用抹刀將底部刮平，放到金色底板上。
8. 將焦糖榛果均勻整齊地在蛋糕底部外圍擺一圈，在蛋糕上方放上橘色巧克力線條，插入白色及橘色巧克力方片，最後放上榛果碎即可。

★ MICHELIN ✕ DESSERT ★

卡布奇諾蛋糕

香和苦是卡布奇諾蛋糕的關鍵字，有巧克力與咖啡的美妙搭配，有牛奶與焦糖的細膩濃香，還有榛果的香甜，如同卡布奇諾咖啡表面濃濃的奶沫一樣誘人！在一個溫暖的午後，沐浴在陽光下，喝著暖暖的咖啡，嚐著美美的蛋糕，讓人回味無窮。

配方名稱／類別	製作順序	預計時間	質地描述	口味描述
咖啡淋面	前期製作	20 分鐘	順滑的流狀液體	咖啡、奶香
榛果扁桃仁達克瓦茲	前期製作	30 分鐘	麵糊狀	濕潤、柔軟
榛果瓦片餅	中期製作	20 分鐘	顆粒狀	酥脆
脆餅底	中期製作	15 分鐘	顆粒狀	酥脆
焦糖榛果	中期製作	20 分鐘	顆粒狀	脆、甜
牛奶咖啡奶油	後期製作	25 分鐘	細膩的濃稠狀	咖啡、奶香
咖啡巧克力慕斯	後期製作	35 分鐘	細膩的濃稠狀	咖啡、微苦
香緹奶油裝飾	後期製作	15 分鐘	細膩的濃稠狀	奶香

榛果瓦片餅

[配方]

細砂糖 ....30 克
NH 果膠粉 ....1 克
葡萄糖漿 ....15 克
奶油（牛油）................20 克
榛果碎 ....30 克
冰水.............................3 克
海鹽.............................1 克

[準備]

將奶油切丁。

[製作過程]

1. 將葡萄糖漿和奶油放入鍋中，加熱融化。
2. 加入細砂糖和 NH 果膠粉的混合物，攪拌均勻。
3. 將冰水加入鍋中，攪拌均勻。
4. 離火，加入榛果碎和海鹽，用橡皮刮刀攪拌均勻。
5. 將步驟 4 放在烘焙紙上，再蓋一張烘焙紙，用擀麵棍擀薄，撕掉上面的烘焙紙，放入烤箱以 180℃烘烤 10 分鐘備用。

脆餅底

[配方]

牛奶巧克力 ....22 克
黑巧克力 ....16 克
榛果扁桃仁醬 ....135 克
榛果脆瓦片餅碎 ....55 克
玉米片碎 ....40 克

[準備]

將牛奶巧克力和黑巧克力融化。

[製作過程]

1. 將融化好的牛奶巧克力、黑巧克力和榛果扁桃仁醬混合，攪拌均勻。
2. 加入玉米片碎和榛果脆瓦片餅碎，攪拌均勻。
3. 在鋪有烘焙紙的烤盤中放上圈模(2 個)，再將步驟 2 倒入圈模中，用叉子壓平，取下圈模，放入冰箱冷藏，備用。

榛果扁桃仁達克瓦茲 (Dacquoise)

[配方]

T45 麵粉 ....30 克
扁桃仁粉 ....35 克
榛果粉 ....35 克
細砂糖(1) ....60 克
蛋白 ....110 克
細砂糖(2) ....40 克

[製作過程]

1. 將蛋白和細砂糖(2)放入廚師機中，打發至乾性狀態。
2. 將 T45 麵粉、扁桃仁粉、榛果粉過篩，加入細砂糖(1)拌勻。
3. 將步驟 2 加入步驟 1 中，用橡皮刮刀以翻拌的手法拌勻，填入裝有圓形裱花嘴的裱花袋中。
4. 將步驟 3 在烘焙紙上擠出圓形，從圓形中心往外擠，填滿整個圓圈，放入烤箱以 180℃烘烤 15 分鐘。

焦糖榛果

[配方]

細砂糖 ....50 克
水 ....20 克
榛果碎 ....40 克
香草莢 (雲尼拿條) ....半根
奶油 (牛油) ....10 克
鹽之花 ....1 克
可可脂 ....10 克

[準備]

將香草莢取籽。將可可脂融化。將奶油切塊。

[製作過程]

1. 將細砂糖、水和香草籽放入鍋中，加熱煮至 115℃。
2. 離火，將榛果碎加入鍋中，用橡皮刮刀攪拌均勻。
3. 放到電磁爐上，小火繼續加熱至焦糖化。

4. 離火，加入香草籽和奶油，攪拌均勻。
5. 加入鹽之花和可可脂，攪拌均勻。
6. 最後將步驟 5 平鋪在矽膠墊上，冷卻，切碎備用。

牛奶咖啡奶油

[配方]

咖啡豆 ....10 克
動物性鮮奶油.............100 克
牛奶.........................100 克
蛋黃.........................35 克
細砂糖 ....35 克
牛奶巧克力 ....30 克
黑巧克力.....................55 克

[準備]

將咖啡豆壓碎。

[製作過程]

1. 將牛奶和動物性鮮奶油加入鍋中，加熱煮滾。
2. 將咖啡豆放入鍋中，攪拌均勻，用保鮮膜密封，浸泡 15 分鐘，用錐形濾網過濾。
3. 將蛋黃和細砂糖混合，用打蛋器打至乳化發白。
4. 將步驟 2 加熱煮滾，取一部分倒入步驟 3 中拌勻，再倒回鍋中，煮至 85℃。
5. 最後將牛奶巧克力和黑巧克力加入步驟 4 中融化，用均質機攪拌均勻。

咖啡巧克力慕斯

[配方]

吉利丁粉（魚膠粉）........3 克
水 ....21 克
咖啡粉 ....3 克
白巧克力.....................200 克
動物性鮮奶油................62 克
牛奶..............................62 克
蛋黃..............................20 克
細砂糖 ....7 克
咖啡甜酒.......................10 克
濃縮咖啡液 ....7 克
打發動物性鮮奶油......175 克

[準備]

將吉利丁粉和水浸泡。將白巧
克力融化。

[製作過程]

1. 將牛奶、動物性鮮奶油、咖啡粉加入鍋中，加熱煮滾至 103℃。
2. 將蛋黃和細砂糖混合，用打蛋器打至乳化發白。
3. 將步驟 1 取一部分加入步驟 2 中拌勻，再倒回鍋中加熱煮滾。
4. 將濃縮咖啡液加入步驟 3 中，攪拌均勻。
5. 將泡好的吉利丁粉加入步驟 4 中，攪拌均勻。
6. 將步驟 5 加入白巧克力中，攪拌均勻。
7. 加入咖啡甜酒，用均質機攪拌均勻，冷卻降溫至 20℃。
8. 最後分次加入打發動物性鮮奶油，用橡皮刮刀以翻拌的手法拌勻，備用。

咖啡淋面

[配方]

白巧克力.....................200 克
吉利丁粉.........................4 克
水 ....28 克
牛奶..............................75 克
動物性鮮奶油................75 克
葡萄糖漿.....................115 克
咖啡豆ˉ.........................13 克
濃縮咖啡液 ....6 克
食用黃色色素................適量

[準備]

將吉利丁粉和水浸泡。將咖啡豆碾碎。

[製作過程]

1. 將牛奶、動物性鮮奶油、葡萄糖漿和咖啡豆倒入鍋中，加熱煮滾。
2. 離火，加入白巧克力融化，攪拌均勻，繼續加熱至 103℃，包上保鮮膜，浸泡 15 分鐘後，用錐形濾網過濾。
3. 將濃縮咖啡液加入步驟 2 中，加熱煮滾，冷卻降溫，加入泡好的吉利丁粉，攪拌均勻。
4. 最後將步驟 3 倒入量杯中，加入黃色色素，用均質機攪拌均勻，備用。

香緹奶油裝飾

[配方]

馬斯卡彭奶油 (Mascarpone
忌廉).........................150 克
糖粉.............................15 克
香草莢 (雲尼拿條) ....半根

[準備]

將香草莢取籽。

[製作過程]

1. 將所有材料放入廚師機中，打發至乾性
   狀態，裝入裱花袋中，備用。

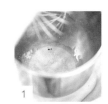

組合

[材料]

濃縮咖啡液 ....適量
牛奶巧克力圓片 ....適量

[製作過程]

1. 取出榛果扁桃仁達克瓦茲餅底，用圓圈模切出形狀 (圈模不取)，放入
   烤盤中。
2. 將牛奶咖啡奶油加入步驟 1 的圈模中(6 分滿)，再撒上切碎的焦糖榛果，
   放入冷凍庫冷凍成形。
3. 在烤盤中放入比步驟 1 中大一號的圈模(2 個)，再將部分咖啡巧克力慕
   斯倒入圈模中(8 分滿)。
4. 取出步驟 2，脫模，放入步驟 3 的慕斯中，輕輕按壓，再倒入剩餘的咖
   啡巧克力慕斯。
5. 再將脆餅底放在步驟 4 上面，輕輕按壓，放入冷凍庫冷凍成形。
6. 取出步驟 4，脫模，將咖啡淋面均勻地淋在蛋糕表面。
7. 取一點咖啡淋面，加入濃縮咖啡液攪拌均勻，在步驟 6 的表面擠上線條。
8. 在線條兩邊用香緹奶油擠出圓球，放上牛奶巧克力圓片即可。

烘焙小知識！攪拌的多種表現手法

　　千萬別小看攪拌，力道大小、次數和工具材料的狀態不同，攪拌方法也略有不同。最常見的攪拌工具有橡皮刮刀、打蛋器、手持電動打蛋機。這些工具各有優點，要學會靈活運用。其中電動打蛋器有桌上型和掌上型兩大類，是蛋白和奶油類打發常用的工具，在這裡不做贅述。

▶ 使用橡皮刮刀攪拌

橡皮刮刀常用於帶有氣泡的食材或乳製品食材的混合工作。

1．翻拌：往食材中加入蛋白霜或奶油等乳製品時，為了防止消泡，要將橡皮刮刀插入食材底部，從底部將食材翻起拌勻，以翻拌的手法混合食材，如舀水一樣，這樣製作出的產品質地順滑，細膩。

2．切拌：往食材中篩入粉類攪拌時，要將所有食材打散，將橡皮刮刀垂直，從外向裡劃動攪拌。

3．壓拌：在製作塔皮或甜酥麵團，稍硬的食材要邊壓碎邊攪拌。液體等柔軟的食材要壓入食材中，攪拌到融合。

▶ 使用打蛋器攪拌

打蛋器：由很多鋼絲組成，可以一次攪拌較大範圍。打發鮮奶油或蛋白等，在製作糕點的過程中，打蛋器是最基本的器具。

摩擦攪拌：攪拌蛋黃和砂糖混合物時，握住打蛋器的後端，在碗內摩擦攪拌食材。可使蛋黃和砂糖更好的乳化。

持續攪拌：製作炸彈麵糊時，用打蛋器貼鍋底以轉圈的手法持續進行攪拌，可以更好的防止糊底。

壓碎攪拌：打散室溫軟化的奶油（牛油）或奶油乳酪（忌廉芝士）等稍硬的食材時使用。用力握住手持打蛋器，使勁壓碎攪拌。

開心果蛋糕

此款甜點的顏色搭配特別出色。嫩綠色的開心果碎搭配豔麗的酸櫻桃蔓越莓果醬，看上去清新可口。裝飾擺放的綠色巧克力片和開心果，達到了點綴的效果，創造出屬於自己的綠色花園。

配方名稱／類別	製作順序	預計時間	質地描述	口味描述
酸櫻桃蔓越莓果醬	前期製作	30 分鐘	濃稠的顆粒狀	酸甜
開心果蛋糕	中期製作	40 分鐘	麵糊狀	柔軟、香甜
焦糖開心果	後期製作	25 分鐘	顆粒狀	香、脆

開心果蛋糕

[配方]

全蛋..........................335 克
細砂糖 ....160 克
赤砂糖 ....160 克
轉化糖漿....................145 克
鹽 ....2 克
動物性鮮奶油.............200 克
葡萄籽油.....................80 克
開心果泥....................120 克
低筋麵粉....................290 克
泡打粉 ....8 克
開心果碎....................160 克
奶油 (牛油)...............115 克

[準備]

將奶油軟化。

[製作過程]

1. 將全蛋、細砂糖、赤砂糖、鹽和轉化糖漿加入廚師機，用扇形攪拌器攪拌均勻，攪拌過程中加入動物性鮮奶油拌勻。
2. 將葡萄籽油和開心果泥放入盆中，用打蛋器攪拌均勻，再加入步驟 1 中拌勻。
3. 將低筋麵粉、泡打粉、開心果碎加入廚師機中，攪拌均勻，邊攪拌邊加入軟化好的奶油，裝入裱花袋。
4. 在鋪有矽膠墊的烤盤中放上圓形圈模 (直徑 18 公分)，在圈模中間放上小一圈的矽膠模，將步驟 3 擠入圈模中 (約 430 克一個)。
5. 在圈模上放一張矽膠墊，蓋上烤盤，放入烤箱以 170℃ 烘烤 40 分鐘。

酸櫻桃蔓越莓果醬

[配方]

酸櫻桃蔓越莓果泥.......500 克
葡萄糖漿......................70 克
酸櫻桃 ....300 克
細砂糖 ....80 克
NH 果膠粉 ....10 克
蔓越莓 ....150 克

[準備]

將蔓越莓切半。

[製作過程]

1. 將酸櫻桃蔓越莓果泥和葡萄糖漿放入鍋中，用電磁爐加熱煮滾。
2. 將酸櫻桃放入鍋中，加入細砂糖和 NH 果膠粉的混合物，用打蛋器攪拌均勻，再次煮滾。
3. 將圈模底部 (直徑 15 公分) 包上保鮮膜，放入烤盤，將步驟 2 倒入圈模中 (約 200 克一個)。
4. 將蔓越莓用刀切塊，均勻地撒在步驟 3 表面，放入冷凍庫冷凍。

焦糖開心果

[配方]

開心果	150 克
細砂糖	75 克
水	25 克
可可脂	7 克

主廚訣竅

可可脂能對產品達到保護作用，並促使後期糖和果粒分離。

[製作過程]

1. 將水和細砂糖放入鍋中，用電磁爐加熱至 121℃。
2. 在鍋中加入開心果，用橡皮刮刀攪拌翻炒至焦糖化，再加入可可脂拌勻。
3. 將步驟 2 倒在鋪有矽膠墊的烤盤中，將開心果趁熱一粒一粒分開，冷卻，備用。

綠色巧克力片

[配方]

白色巧克力	適量
食用綠色色粉	適量

[製作過程]

1. 將白巧克力加熱融化，放入綠色色粉攪拌均勻，倒在鋪有保鮮膜的桌面上，用抹刀進行調溫。
2. 在桌子上鋪一層膠片紙，用抹刀將巧克力均勻的鋪開，取出沾有巧克力的膠片紙，晾乾。
3. 用滾輪刀將巧克力切成幾個正方形，捲在擀麵棍上定型，放入冰箱冷藏。

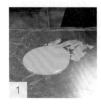

組合

[材料]

鏡面果膠	適量
開心果碎	適量

[製作過程]

1. 將開心果蛋糕脫模，取下中間圓形矽膠模。
2. 將冷凍好的酸櫻桃蔓越莓果醬脫模，放入開心果蛋糕中間的凹槽中。
3. 在蛋糕表面刷上一層鏡面果膠，在側面黏上開心果碎。
4. 最後在蛋糕表面放上焦糖開心果和綠色巧克力片即可。

歐西坦

此款甜點有松子、羅勒，取自法國南部盛產的原材料，具有濃濃的南部風情。口味上以巧克力、可可粉為主，醇香在口齒間回味無盡，再搭配松子和綠色的巧克力片裝飾，明亮了整體色調，視覺不單調！

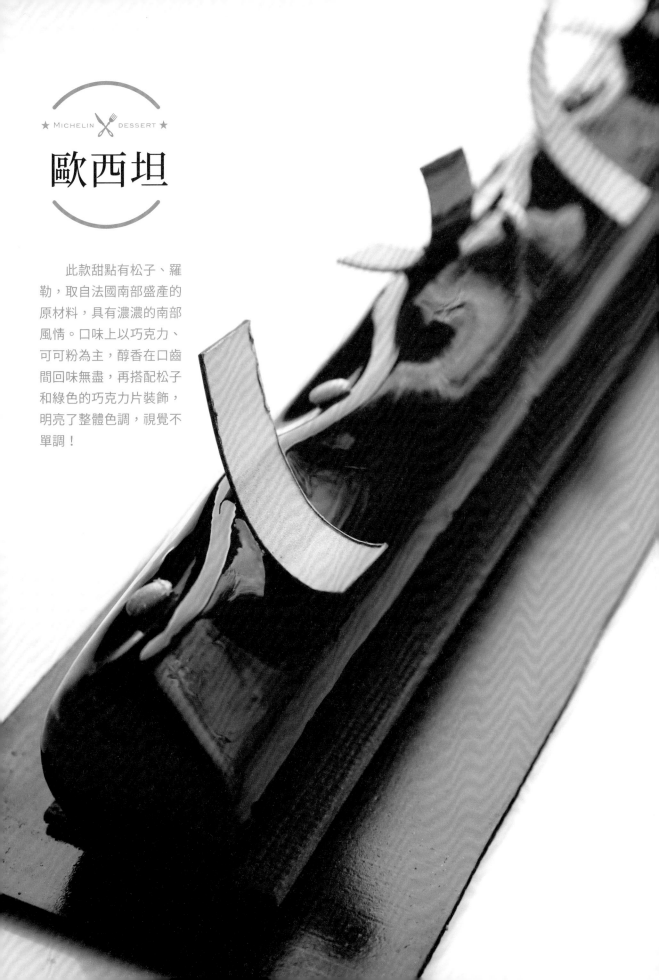

配方名稱 / 類別	製作順序	預計時間	質地描述	口味描述
巧克力淋面	前期製作	30 分鐘	順滑的流狀液體	微苦、甜
松子軟餅底	前期製作	35 分鐘	麵糊狀	堅果、香、軟
羅勒希布斯特奶油	前期製作	30 分鐘	細膩的濃稠狀	清香
巧克力甜酥麵團	中期製作	30 分鐘	麵團狀	酥脆
黑巧克力慕斯	後期製作	25 分鐘	細膩的濃稠狀	微苦、奶香

松子軟餅底

[配方]

扁桃仁膏..................595 克
玉米粉 ....85 克
動物性鮮奶油............120 克
全蛋.............................340 克
蛋白.............................155 克
金黃砂糖.......................50 克
奶油（牛油）..............235 克
松子.............................300 克

[準備]

將扁桃仁膏切塊，用微波爐加熱回軟。將奶油切丁軟化。

[製作過程]

1. 將軟化好的扁桃仁膏和玉米粉一起倒入廚師機中，用扇形攪拌器拌勻。

註：一盤量 40 公分 ×60 公分

2. 將動物性鮮奶油和全蛋混合均勻，分次加入步驟 1 中，快速的攪打均勻。
3. 在另一個廚師機裡加入蛋白和金黃砂糖，打至乾性狀態，再分次加入步驟 2 中，用橡皮刮刀以翻拌的手法拌勻。
4. 將奶油加入鍋中，煮至焦化，做成焦奶油，在錐形網篩中放入廚房紙巾，將焦奶油過濾至盆中，冷卻至 60℃。
5. 取一部分步驟 3 中的麵糊與步驟 4 拌勻，再倒回剩餘的麵糊中，用橡皮刮刀拌勻。
6. 將步驟 5 倒入鋪有矽膠墊的烤盤中，用抹刀抹平，輕震烤盤。
7. 在表面均勻的撒上松子，放入烤箱 180℃烘烤 12 分鐘，出爐冷卻，切成 40 公分 × 30 公分的大小，備用。

羅勒希布斯特奶油

[配方]

牛奶.............................150 克
動物性鮮奶油................80 克
羅勒葉...........................9 克
蛋黃...............................90 克
細砂糖(1).....................25 克
卡士達粉（吉士粉）......15 克
蛋白.............................135 克
細砂糖(2).....................90 克
水(2)............................30 克
食用綠色色素...............適量
吉利丁粉（魚膠粉）........6 克
水(1)............................42 克

[準備]

吉利丁粉和水(1)提前浸泡。

[製作過程]

1. 將牛奶和動物性鮮奶油放入鍋中加熱，加入羅勒葉，浸泡 10 分鐘，用錐形網篩過濾，把羅勒葉子中的牛奶充分擠壓出來。
2. 將蛋黃、細砂糖(1)、卡士達粉混合，加入步驟 1 中，用打蛋器繼續加熱，攪拌均勻，做卡士達奶油。
3. 將泡好的吉利丁粉加入步驟 2 中，融化拌勻，再加入適量的綠色色素，用橡皮刮刀攪拌均勻。
4. 將蛋白放入廚師機中，打發。將細砂糖(2)和水(2)一起煮到 121℃，沿缸壁沖入正在打發的蛋白中，做成義式蛋白霜。

5. 將步驟 4 分次加入到步驟 3 中，攪拌均勻。

6. 將松子軟餅底放入模具中，倒入步驟 5，用抹刀抹平，放入冷凍庫中凍硬後取出，切成 2.2 公分 ×35 公分的長條，備用。

註：半盤量 40 公分 ×30 公分

黑巧克力慕斯

[配方]

蛋黃..........................120 克
全蛋............................50 克
細砂糖.........................90 克
水 ....60 克
牛奶..........................110 克
65% 黑巧克力............350 克
打發動物性鮮奶油......400 克

[製作過程]

1. 將蛋黃、全蛋、細砂糖、水一起放入盆中，隔水加熱到 83℃，倒入廚師機中，打發。

2. 將牛奶加熱，黑巧克力融化，再分次將牛奶加入黑巧克力中，充分的乳化拌勻，再將步驟 1 分次與巧克力混合物拌勻。

3. 將打發動物性鮮奶油分次加入到步驟 2 中拌勻，備用。

巧克力甜酥麵團

[配方]

奶油..........................205 克
糖粉..........................155 克
精鹽.............................3 克
扁桃仁粉.......................50 克
T55 麵粉....................380 克
可可粉.........................25 克
全蛋............................90 克

[準備]

將糖粉、T55 麵粉、可可粉、扁桃仁粉過篩。將奶油切丁。

[製作過程]

1. 將糖粉、精鹽、扁桃仁粉、T55 麵粉、可可粉倒入廚師機中，慢速攪拌均勻。

2. 將奶油加入廚師機中，攪拌成沙狀。

3. 邊攪邊加入全蛋液，攪拌成團，取出，包上保鮮膜，放冰箱冷藏一夜。取出麵團，用擀麵棍擀成 0.3 公分厚，切出 2.5 公分 ×36 公分的長方形，均勻的擺放在烤盤上，冷藏 20 分鐘，放入烤箱以 160℃烘烤 10 分鐘，取出後待涼使用。

 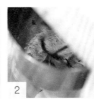 

巧克力淋面

[配方]

動物性鮮奶油.............380 克
葡萄糖漿....................190 克
可可粉.......................145 克
水(2).........................200 克
細砂糖.......................520 克
轉化糖漿......................55 克
吉利丁粉（魚膠粉）......24 克
水(1).........................168 克

[準備]

吉利丁粉和水(1)提前浸泡。

[製作過程]

1. 將水(2)和細砂糖一起放入鍋中，煮至 110℃，備用。
2. 將動物性鮮奶油和葡萄糖漿放入另一個鍋中，稍微加熱，使葡萄糖漿溶解。
3. 加入可可粉，充分的拌勻。
4. 加入泡好的吉利丁粉，融化拌勻。
5. 加入煮好的步驟 1 和轉化糖漿，用均質機打勻，用錐形網篩過濾，保鮮膜緊貼表面保存，冷藏一晚後使用。

組合

[配方]

松子..............................適量
巧克力片.......................適量

[製作過程]

1. 在波浪長條矽膠模中擠入 200 克的黑巧克力慕斯。
2. 再放入羅勒希布斯特奶油和松子軟餅底的夾層，將溢出來的慕斯漿料用抹刀抹平，放入冷凍庫凍硬。
3. 凍硬後取出，脫模，放在網架上，在表面淋上黑巧克力淋面。
4. 待淋面凝固後，把牙籤插進蛋糕中，移到巧克力甜酥麵團餅底上。
5. 取出牙籤，在牙籤洞的地方裝飾上松子，在波浪形的高處點綴巧克力片即可。

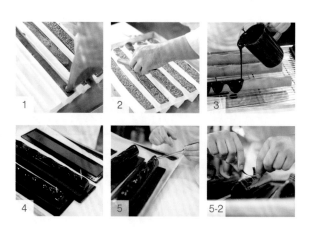

136

一款濃郁、外酥內軟、口感美妙的巧克力蛋糕，雖然沒有華麗的外表，卻有著豐富的內在，巧克力一直給人浪漫、甜蜜的夢幻感，當巧克力與蛋糕相結合，是永不過時的經典美味。

★ MICHELIN ✕ DESSERT ★

巧克力
旅行蛋糕

配方名稱 / 類別	製作順序	預計時間	質地描述	口味描述
甘納許	前期製作	30 分鐘	細膩的濃稠狀	微苦、奶香
可可仁酥餅	前期製作	20 分鐘	顆粒狀	酥脆
巧克力餅底	中期製作	25 分鐘	麵糊狀	濕潤
巧克力焦糖奶油	後期製作	20 分鐘	細膩的濃稠狀	微苦

甘納許 (Ganache)

[配方]

動物性鮮奶油(1) ....90 克
轉化糖漿......................11 克
玉米粉 ....7 克
黑巧克力......................90 克
動物性鮮奶油(2) ....10 克

[準備]

將動物性鮮奶油(1)取一點和
玉米粉混合拌勻。

[製作過程]

1. 將動物性鮮奶油(1)和轉化糖漿加入鍋中,加熱煮滾。
2. 將準備好的玉米粉加入步驟 1 中,攪拌均勻。
3. 將步驟 2 加入黑巧克力中,用打蛋器攪拌均勻。
4. 將步驟 3 倒入量杯中,加入動物性鮮奶油(2),用均質機攪拌均勻,填入裝有裱花袋的裱花嘴中。
5. 在鋪有烘焙紙的烤盤中擠出一條和蛋糕所需模具一樣長的長條,放入冷凍庫冷凍,備用。

可可仁酥餅

[配方]

烤可可豆碎 ....30 克
葡萄糖漿......................15 克

[製作過程]

1. 所有材料混合均勻,放入鋪有矽膠墊的烤盤中,鋪平,放入烤箱以 150℃烘烤 15 分鐘。
2. 出爐,冷卻,用刀切碎,備用。

巧克力餅底

[配方]

蛋白............................225 克
細砂糖 ....165 克
扁桃仁粉.....................225 克
防潮糖粉........................50 克
可可粉 ....35 克
T55 麵粉.......................30 克

[製作過程]

1. 將蛋白和細砂糖放入廚師機中,打發至乾性狀態。
2. 將粉類材料混合過篩,攪拌均勻。
3. 將步驟 2 倒入步驟 1 中,用橡皮刮刀以翻拌的手法拌勻,裝入裱花袋,備用。

巧克力焦糖奶油

[配方]

細砂糖 ....90 克
動物性鮮奶油.............150 克
葡萄糖漿 ....8 克
奶油（牛油）................35 克
香草莢（雲尼拿條）.......半根
黑巧克力.....................25 克

[準備]

將香草莢取籽。將奶油切塊。

[製作過程]

1. 將細砂糖放入鍋中，用電磁爐加熱至 180℃，煮成焦糖。
2. 將動物性鮮奶油加熱，分次加入步驟 1 中，用打蛋器攪拌均勻。
3. 將步驟 2 倒入量杯，加入葡萄糖漿、奶油、香草籽和黑巧克力，用均質機攪拌均勻，備用。

組合

[材料]

軟化好的奶油................適量
細砂糖 ....適量
金箔.............................適量
防潮糖粉.......................適量

[製作過程]

1. 將奶油用刷子刷在長方形模具的內壁（四周都刷），再黏上一層細砂糖。
2. 將步驟 1 的長方形模具放入鋪有矽膠墊的烤盤中，中間放一條矽膠條，並在矽膠條兩邊放上切碎的可可仁酥餅。
3. 將巧克力餅底擠入步驟 2 中，擠到 8 分滿，將凍好的甘納許長條放在中間，再繼續擠滿巧克力餅底，用抹刀將表面刮平，放入烤箱以 160℃烘烤 20 分鐘。
4. 出爐，將帶有矽膠條的一面朝上，篩上防潮糖粉，用刀取下矽膠條，形成一個凹槽，將巧克力焦糖奶油裝入裱花袋，擠入凹槽中，擠滿，放上金箔裝飾即可。

巧克力十足

香醇的巧克力，絲滑的質感入口即化，它是愛情的象徵，也是甜點的點睛之筆。不管是巧克力糖、巧克力奶昔或巧克力蛋糕，都讓人難以抗拒這絲絲誘惑。驚豔的造型，絕妙的口感，美味瞬間昇華！

配方名稱 / 類別	製作順序	預計時間	質地描述	口味描述
巧克力淋面	前期製作	20 分鐘	順滑的流狀液體	微苦、奶香
巧克力餅底	前期製作	30 分鐘	麵糊狀	柔軟、微苦
脆餅底	中期製作	20 分鐘	顆粒狀	酥脆
巧克力奶油	後期製作	25 分鐘	細膩的濃稠狀	巧克力奶香
巧克力慕斯	後期製作	30 分鐘	細膩的濃稠狀	微苦、奶香

巧克力餅底

[配方]

全蛋..........................120 克
細砂糖(1)..................110 克
扁桃仁粉.....................55 克
T45 麵粉......................40 克
可可粉 ....45 克
葡萄籽油....................130 克
蛋白...........................180 克
細砂糖(2)....................60 克

[製作過程]

1. 將全蛋和細砂糖(1)放入廚師機中，快速攪拌，打發至糖化，倒入盆中。
2. 加入葡萄籽油，用橡皮刮刀攪拌均勻。
3. 將扁桃仁粉、T45 麵粉和可可粉混合均勻，倒入步驟 2 中，攪拌均勻。
4. 將蛋白和細砂糖(2)放入廚師機中，打發至中性狀態。
5. 將步驟 4 加入步驟 3 中，用橡皮刮刀以翻拌的手法拌勻。
6. 將步驟 5 倒入鋪有烘焙紙的烤盤中，用抹刀抹平，放入烤箱以 180℃烘烤 12 分鐘。

巧克力奶油

[配方]

牛奶..........................200 克
動物性鮮奶油..............200 克
蛋黃..........................65 克
細砂糖 ....65 克
黑巧克力....................110 克
牛奶巧克力.................50 克

[製作過程]

1. 將牛奶和動物性鮮奶油倒入鍋中，加熱煮滾。
2. 將蛋黃和細砂糖混合，用打蛋器打至乳化發白。
3. 將步驟1取一部分加入步驟2中拌勻，再倒回鍋中繼續煮滾。
4. 最後將步驟3倒入黑巧克力和牛奶巧克力的混合物中，攪拌融化，用均質機拌勻。

脆餅底

[配方]

扁桃仁醬....................100 克
牛奶巧克力 ....16 克
黑巧克力....................16 克
奶油薄脆片 ....50 克
無糖玉米片碎..............50 克

[製作過程]

1. 將牛奶巧克力和黑巧克力混合，隔水融化。
2. 加入扁桃仁醬，用橡皮刮刀攪拌均勻。
3. 加入奶油薄脆片和無糖玉米片碎，用橡皮刮刀攪拌均勻。
4. 在鋪有烘焙紙的烤盤中放上圈模(2個)，將步驟3倒入圈模中，用叉子壓平，取下圈模，放入冷凍庫冷凍成形。

巧克力慕斯

[配方]

牛奶..........................230 克
蛋黃..........................70 克
細砂糖 ....45 克
黑巧克力....................240 克
打發動物性鮮奶油......350 克

[準備]

將黑巧克力融化。

[製作過程]

1. 將牛奶倒入鍋中加熱，煮至煮滾。
2. 將蛋黃和細砂糖混合，用打蛋器打至乳化發白。
3. 將步驟1取一部分加入步驟2中拌勻，再倒回鍋中煮至煮滾。
4. 將步驟3倒入融化好的黑巧克力中，用橡皮刮刀攪拌均勻，降溫冷卻。
5. 最後將打發動物性鮮奶油分次加入步驟4中，用橡皮刮刀以翻拌的手法拌勻。

巧克力淋面

[配方]

水 ....50 克
細砂糖 ....170 克
食用紅色色素.................2 克
吉利丁片（魚膠片）........7 克
水 ....49 克
動物性鮮奶油.............110 克
葡萄糖漿.......................60 克
可可粉 ....65 克

[準備]

水和吉利丁片提前泡好。

[製作過程]

1. 將水、紅色色素、細砂糖加入鍋中，用電磁爐加熱至 110℃，備用。
2. 將動物性鮮奶油和葡萄糖漿放入另一個鍋中，加熱煮滾，再加入可可粉，用打蛋器攪拌均勻。
3. 將步驟 1 分 3 次加入步驟 2 中，攪拌均勻。
4. 最後加入泡好的吉利丁片，用均質機攪拌均勻，備用。

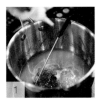  

組合

[材料]

巧克力圓片 ....適量
巧克力半圓長條 ....適量
金箔.............................適量
炭黑絨面......................適量

[製作過程]

1. 取出巧克力餅底，用圈模壓成圓形餅底（圈模不取）。
2. 將巧克力奶油倒入步驟 1 的圈模中，放入冷凍庫冷凍成形。
3. 在烤盤上放入比步驟 1 中大一號的圈模，倒入 7 分滿的巧克力慕斯。
4. 取出步驟 2，脫模，放入巧克力慕斯中間，輕輕下壓，再鋪一層巧克力慕斯。
5. 將脆餅底放入步驟 4 中，輕輕下壓，將表面刮平，放入冷凍庫冷凍成形。
6. 取出步驟 5，將炭黑絨面用噴槍均勻的噴在慕斯表面。
7. 用圈模在慕斯表面隔出月牙狀，並在月牙狀的一邊淋上巧克力淋面。
8. 將巧克力半圓長條放在淋面的邊緣(2 根)，放上金箔，最後在底部貼一圈巧克力圓片進行裝飾即可。

🧑‍🍳 主廚訣竅

炭黑絨面是融化的黑色可可脂。

青檸百香果椰子旅行蛋糕

濃濃的熱帶風味,吃一口彷彿來到一個熱帶小島。百香果和青檸的酸味,剛剛好綜合了濃郁椰子餅底的甜膩,熱帶風味特別和諧。再加上熱帶水果凍的微微爆漿感,為甜點賦予了新的繽紛色彩。

配方名稱 / 類別	製作順序	預計時間	質地描述	口味描述
甜酥麵團	前期製作	30 分鐘	麵團狀	酥脆
扁桃仁餅底	前期製作	20 分鐘	麵糊狀	香、甜
熱帶水果凍	中期製作	25 分鐘	濃稠的顆粒狀	酸、甜
椰子達克瓦茲餅底	後期製作	20 分鐘	濃稠的顆粒狀	甜、椰香

甜酥麵團

[配方]

奶油 (牛油)..................75 克
低筋麵粉...................125 克
全蛋............................25 克
細砂糖.........................50 克
鹽.................................1 克
香草莢 (雲尼拿條).......半根

[準備]

將香草莢取籽。將奶油切丁。

[製作過程]

1. 將低筋麵粉、奶油、鹽放入廚師機中,用扇形攪拌器攪拌均勻。
2. 將細砂糖、全蛋和香草籽放入盆中,用打蛋器攪拌均勻。
3. 將步驟 2 放入步驟 1 中,攪拌均勻。
4. 取出麵團,放在操作臺上,用手揉勻,用擀麵棍擀成 0.3 公分厚的麵皮,用圈模壓出兩個圈形麵皮 (圈模不取),放入烤箱,以 150°C 烘烤 20 分鐘。

扁桃仁餅底

[配方]

奶油............................62 克
糖粉............................62 克
扁桃仁粉.....................40 克
椰絲............................40 克
全蛋..........................100 克
青檸皮屑.....................適量

[製作過程]

1. 將所有材料放入料理機中,攪拌均勻。

熱帶水果凍

[配方]

百香果果泥................100 克
香蕉（去皮）..............100 克
芒果果泥....................300 克
香草莢（雲尼拿條）.......半根
細砂糖(1)....................60 克
NH 果膠粉 ....5 克
細砂糖(2)......................5 克

[準備]

將香草莢取籽。將香蕉切塊。

[製作過程]

1. 將百香果果泥、芒果果泥、香蕉和香草籽放入鍋中，加熱煮滾。
2. 加入細砂糖(1)，攪拌均勻。
3. 離火加入 NH 果膠粉和細砂糖(2)，用打蛋器攪拌均勻。

椰子達克瓦茲餅底

[配方]

蛋白..........................150 克
細砂糖........................105 克
扁桃仁粉......................60 克
椰絲............................35 克
低筋麵粉......................30 克
糖粉............................50 克
青檸皮屑......................適量

[製作過程]

1. 將扁桃仁粉、椰絲、低筋麵粉和糖粉放入盆中，攪拌均勻。
2. 將蛋白和細砂糖放入廚師機中，打發至乾性狀態，加入青檸皮屑攪拌均勻。
3. 將步驟 1 加入步驟 2 中，用橡皮刮刀攪拌均勻，裝入裱花袋，備用。

組合

[材料]

青檸皮屑......................適量
白色翻糖......................適量
糖粉............................適量

[製作過程]

1. 取出烤好的甜酥麵團（圈模不取），將扁桃仁餅底麵糊倒入圈模中，輕輕震平，放入烤箱以 160°C烘烤 15 分鐘。
2. 取出步驟 1，將熱帶水果凍倒入圈模中，放入冷凍庫冷凍成形。
3. 取出步驟 2 脫模，放入大一圈的圈模中，在邊緣擠入椰子達克瓦茲餅底麵糊，擠滿，用抹刀將頂部刮平。
4. 在步驟 3 的表面均勻的撒上青檸皮屑，放入烤箱以 180°C烘烤 30 分鐘。
5. 取出步驟 4，脫模，在表面篩上糖粉。
6. 將白色翻糖擀成長條，用圈模壓出齒輪狀，圍在蛋糕底部即可。

    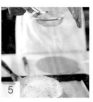

熱帶風情蛋糕

甜中帶酸的鳳梨醬與椰子結合後，鳳梨的酸味被椰子的香味所融化，輕輕一口便是豐富的熱帶風味，在強烈雙重口感的衝擊下，不經意間就將酸、甜、香、醇發揮得淋漓盡致。

配方名稱 / 類別	製作順序	預計時間	質地描述	口味描述
椰子餅底	前期製作	30 分鐘	麵糊狀	甜、椰香
鳳梨醬	前期製作	25 分鐘	濃稠顆粒狀	酸甜
熱帶風情奶油	前期製作	30 分鐘	細膩的濃稠狀	酸甜
冷的義式蛋白霜	中期製作	20 分鐘	細膩的濃稠狀	甜
椰子慕斯	中期製作	30 分鐘	細膩的濃稠狀	椰香、奶香
白色絨面	後期製作	15 分鐘	順滑的流狀液體	香甜

椰子餅底

[配方]

糖粉.............................60 克
扁桃仁粉.....................45 克
椰絲.............................35 克
T45 麵粉......................35 克
蛋白(1) ....55 克
動物性鮮奶油..............40 克
蛋白(2) ....135 克
細砂糖 ....75 克

[製作過程]

1. 將細砂糖和蛋白(2)放入廚師機，打發至乾性狀態。
2. 將糖粉、扁桃仁粉、椰絲和 T45 麵粉加入盆中，用打蛋器攪拌均勻。
3. 加入動物性鮮奶油和蛋白(1)，用打蛋器攪拌均勻。
4. 將步驟 1 加入步驟 3 中，用橡皮刮刀以翻拌的手法拌勻。
5. 將步驟 4 倒入鋪有烘焙紙的烤盤中，用抹刀抹平，放入烤箱以 200°C烘烤 10 分鐘。
6. 出爐後，撕下烘焙紙，用圓圈模切出兩塊圓形餅底，備用。

鳳梨醬

[配方]

鳳梨（菠蘿）..............350 克
細砂糖(1)....................30 克
橙汁.............................20 克
香草莢（雲尼拿條）.......半根
青檸皮屑.....................適量
NH 果膠粉 ....3 克
細砂糖(2)......................2 克
椰子酒 ....30 克

[準備]

將鳳梨切丁。將香草莢取籽。

[製作過程]

1. 將細砂糖放入鍋中，加熱至焦糖化，加入橙汁，用橡皮刮刀攪拌均勻。
2. 將鳳梨和香草籽加入鍋中，用橡皮刮刀攪拌均勻。

3. 加入 NH 果膠粉和細砂糖(2)的混合物，攪拌均勻。

4. 最後加入青檸皮屑和椰子酒，攪拌均勻即可。

熱帶風情奶油

[配方]

百香果果泥 .... 120 克
芒果果泥 .... 30 克
香蕉（去皮）................ 30 克
蛋黃 .... 80 克
全蛋 .... 100 克
細砂糖 .... 90 克
奶油（牛油）................ 90 克
吉利丁片（魚膠片）........ 7 克
水 .... 49 克

[準備]

將奶油切丁。將吉利丁片和 49 克水浸泡。

[製作過程]

1. 將百香果果泥和芒果果泥放入鍋中，用電磁爐加熱煮滾。

2. 將香蕉切丁，加入鍋中，用均質機攪拌均勻，繼續煮滾。

3. 將蛋黃、全蛋和細砂糖混合，用打蛋器攪拌均勻，加入步驟 2 中，攪拌均勻。

4. 離火，加入泡好的吉利丁片，用打蛋器攪拌均勻後，倒入盆中，冷卻至 45℃左右。

5. 將步驟 4 倒入量杯中，加入奶油，用均質機攪拌均勻，備用。

冷的義式蛋白霜

[配方]

蛋白 .... 60 克
細砂糖 .... 60 克
轉化糖漿 .... 40 克
葡萄糖漿 .... 30 克

[製作過程]

1. 將蛋白加入廚師機中，打發至中性狀態。

2. 加入細砂糖，打發至乾性狀態。

3. 最後加入轉化糖漿和葡萄糖漿攪拌均勻，備用。

椰子慕斯

[配方]

椰子果泥.....................230 克
椰子酒.........................13 克
吉利丁粉（魚膠粉）........7 克
水................................42 克
打發動物性鮮奶油......170 克
冷的義式蛋白霜 ....85 克

[準備]

將吉利丁粉和水浸泡。

[製作過程]

1. 將椰子果泥加入鍋中，用電磁爐加熱，離火加入泡好的吉利丁粉，攪拌均勻。
2. 將步驟 1 冷卻至 20℃左右，加入椰子酒混合拌勻。
3. 將打發動物性鮮奶油和冷的義式蛋白霜混合拌勻。
4. 將步驟 2 和步驟 3 混合，用橡皮刮刀以翻拌的手法拌勻，裝入裱花袋，備用。

白色絨面

[配方]

白巧克力....................300 克
可可脂 ....250 克

[製作過程]

1. 將可可脂放入鍋中，用電磁爐加熱融化。
2. 將步驟 1 倒入白巧克力中，攪拌均勻，備用。

組合

[材料]

黃色鏡面果膠...............適量
橘色鏡面果膠...............適量

[製作過程]

1. 將鳳梨醬放在椰子餅底上，用小的抹刀抹平。
2. 將步驟 1 放入圈模中，加入熱帶風情奶油，輕輕震平，放入冷凍庫冷凍成形。
3. 取出步驟 2，脫模，放入大一圈的圈模中，擠入椰子慕斯（留一點慕斯，備用），輕輕震平，用抹刀將頂端刮平，放入冷凍庫冷凍成形。
4. 取出步驟 3，脫模，將剩餘的椰子慕斯裝入裱花袋，在凍好的慕斯表面淋上線條，再放入冷凍庫冷凍成形。
5. 取出步驟 4，將白色絨面裝入噴槍，均勻的噴在慕斯表面。
6. 最後將黃色及橘色鏡面果膠隨意滴在慕斯表面的線條上裝飾即可.

香蕉
占度亞蛋糕

香蕉的營養價值很豐富,常吃還能緩和緊張的
情緒,提高工作效率,降低疲勞,此款甜點以香蕉
做為主材料,整體口感香氣怡人,甜而不膩,再搭
配一杯紅茶,約上三五朋友,一起享用美好的食光。

配方名稱 / 類別	製作順序	預計時間	質地描述	口味描述
碎餅底	前期製作	30 分鐘	顆粒狀	酥脆
香蕉蛋糕麵糊	中期製作	30 分鐘	細膩的濃稠狀	香蕉、奶香
占度亞香蕉麵糊	後期製作	15 分鐘	細膩的濃稠狀	微苦、香醇

香蕉蛋糕麵糊

[配方]

奶油 (牛油)...............175 克
香蕉...........................300 克
蛋黃...........................240 克
細砂糖.......................375 克
香草莢 (雲尼拿條)........2 根
T55 麵粉....................265 克
泡打粉.........................18 克
動物性鮮奶油.............100 克

[準備]

將香蕉切塊。T55 麵粉過篩。香草莢取籽。

[製作過程]

1. 將奶油放入鍋中，加熱融化，呈液態，放涼使用。
2. 將香蕉塊、蛋黃、細砂糖、香草籽一起加入料理機中，攪打至沒有香蕉顆粒。
3. 將步驟 2 倒入廚師機中打發，打至原有體積的 2 倍大。
4. 將打發動物性鮮奶油和步驟 1 一起混合均勻。取一點步驟 3 與步驟 4 拌勻，再倒回到步驟 3 中充分拌勻後，加入過篩好的 T55 麵粉、泡打粉，混合拌勻。

占度亞香蕉麵糊

[配方]

香蕉蛋糕麵糊.............400 克
黑巧克力占度亞 (Gianduja)
..................................130 克

[製作過程]

1. 將香蕉蛋糕麵糊倒入融化好的黑巧克力中用橡皮刮刀拌勻。

碎餅底

[配方]

金黃砂糖......................70 克
扁桃仁粉......................70 克
低筋麵粉......................70 克
精鹽............................適量
奶油............................70 克

[準備]

扁桃仁粉和低筋麵粉過篩。奶油軟化。

[製作過程]

1. 將金黃砂糖、扁桃仁粉、低筋麵粉、精鹽一起拌勻。
2. 加入到軟化好的奶油中，揉成團。
3. 用大的漏篩壓成一粒一粒的碎餅底，冷凍起來備用。

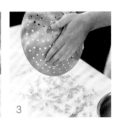

組合

[材料]

鏡面果膠......................適量
占度亞塊......................適量

[製作過程]

1. 將長方形蛋糕模具放在電子秤上，依序擠入香蕉蛋糕麵糊 120 克、占度亞香蕉麵糊 120 克，以及香蕉麵糊 120 克。
2. 用抹刀插進麵糊中劃出大理石紋路。
3. 在麵糊表面撒上 40 克凍好的碎餅底，放入 170℃的烤箱，再轉到 155℃，烘烤 40 ～ 45 分鐘。
4. 出爐後在表面點上鏡面果膠，擺上占度亞塊，撒上防潮糖粉裝飾即可。

烘焙小知識！蛋白霜的種類

　　蛋白霜是由很多非常小的氣泡聚集在一起形成的泡沫。研究表示蛋白霜中的氣體主要是空氣中的氧，液體則是蛋清中的水，而對蛋白霜品質有影響的唯一因素是蛋清中的蛋白質。

　　事實上，在配方中加入蛋白霜也就意味著加入空氣。比如在慕斯或奶油中加入蛋白霜可以增大體積降低比重，獲取蓬鬆的質地。

▶ 蛋白霜的種類

1·義式蛋白霜

　　將細砂糖和水煮成糖漿，以邊打發蛋白邊加入糖漿的方法製成的蛋白霜。衛生安全，口感清爽。義式蛋白霜做好的慕斯或奶油餡保存時間較長，且泡沫穩定，分量也比較多。

2·法式蛋白霜

　　在蛋白中分次添加砂糖打發的基本做法，輕盈鬆脆。入口即化，使用頻率在蛋白霜中居於首位，多適用於麵糊中混合後使用。

▶ 蛋白霜打發技巧

1·蛋清的分離，用容器分別盛放分離出來的蛋白和蛋黃，確認蛋白容器中沒有蛋黃後再倒入廚師機中，如果不小心混入蛋黃，用湯匙或廚房紙巾吸出多餘的蛋黃即可。

2·打發蛋白霜時，打蛋器先中低速打至泡沫狀，再調節成中高速。如果一開始就高速，蛋清的結構不堅挺，導致最終打發不均勻，打發時分次加入糖，一邊攪打一邊觀察狀態，分次加糖能有效防止蛋白組織過於粗糙、大氣泡過多的問題。

3·蛋白打發時可以添加少量的檸檬汁或白醋，其酸性的性質，有助於蛋白在打發時的穩定性。

4·遇油消泡，油的表面張力大於蛋白氣泡的表面張力，在攪打過程中蛋白一旦遇到油，形成的起泡會被破壞並即刻消失，所以需要對容器進行徹底清洗。

5・選擇新鮮的蛋白，放置時間過久的蛋白，蛋白質受到菌體破壞，黏度會下降，起泡性能變差，不易打發。

6・攪打蛋白的最佳溫度為 30℃，蛋白黏度穩定，起泡性最強。

7・在打發蛋清的過程中，糖可以抑制蛋白的發泡，增加蛋白的黏性，使蛋白泡沫更加穩定。分次加入細砂糖比一次性全部加入更容易打發，並且打發出的蛋白霜會更加細膩。

▶ 如何避免蛋白消泡？

1・蛋白打發前放入冰箱稍微冷凍，進一步降低溫度，雖然會使蛋白打發比較慢，但是成品會更加細膩穩定，翻拌時不容易消泡。

2・使用乾性發泡的蛋白霜前，翻拌時一定要注意：乾性發泡的蛋白霜一般 20 秒就可能會出水結塊，導致很難與其他原料混合，且長久翻拌也會造成消泡嚴重，所以蛋白霜在分次拌入其他原料之前，一般都要手動攪拌均勻後再取用，可以大幅降低因蛋白霜結塊或出水對原料混合造成的影響。

3・打發好的蛋白霜不宜久放，否則很容易出現結塊或出水的情況，導致後續很難再使用。如果蛋白霜過早打發時，建議冷藏保存，在使用之前用打蛋器再次翻拌達到需要的狀態後使用。

如何判斷打發狀態？

　　在打發時，會根據濕性、中性、乾性來判斷打發的狀態及程度，判定它們狀態的主要方法就是用打蛋球拉起蛋白，觀察蛋白在不同階段的狀態：

1・濕性發泡：

　　提起打蛋頭，蛋白霜會垂下來呈一個長約 10 公分的尖，但是不會滴下來。

2・中性發泡

　　偏濕：提起打蛋器，蛋白霜會呈現一個短一些的彎尖，這個狀態比較適合製作輕乳酪蛋糕。

　　偏乾：提起打蛋器，蛋白糊的尖更短了，但還是會有微微的下垂，倒扣打蛋盆時蛋白霜不會流動。

3・乾性發泡（硬性發泡）：

　　提起打蛋器，此時蛋白霜有一個堅挺的尖，且不會彎下來，這個狀態是製作戚風蛋糕的最佳狀態。

杏桃幾何

從外形上看，由各種幾何圖案組合而成的甜點，外形搶眼突出，亮麗的杏桃淋面更是帶給人甜蜜、陽光的感覺，讓人迫不及待想一親芳澤，探尋其中的奧祕。

配方名稱／類別	製作順序	預計時間	質地描述	口味描述
杏桃淋面	前期製作	30 分鐘	順滑的流狀液體	香甜
杏桃果泥	前期製作	35 分鐘	濃稠的顆粒狀	杏桃味、甜
雜錦果麥脆餅底	中期製作	30 分鐘	顆粒狀	酥脆、堅果
達克瓦茲餅底	中期製作	30 分鐘	麵糊狀	香軟
香草乳酪慕斯	後期製作	30 分鐘	細膩的濃稠狀	奶香

雜錦果麥脆餅底

[配方]

水 ....100 克
細砂糖 ....130 克
扁桃仁碎.....................65 克
榛果碎 ....35 克
葵花籽 ....40 克
白芝麻 ....15 克
亞麻籽 ....15 克
玉米脆片 ....65 克
白巧克力.....................80 克
稀扁桃仁膏...................40 克
扁桃仁醬.....................35 克
鹽之花 ....1 克

🍳 主廚訣竅

混合稀扁桃仁膏和扁桃仁醬一起調整甜度，改善口味，一同加熱到 35℃再與白巧克力混合，可防止白巧克力結塊。

[製作過程]

1. 將水和細砂糖放在鍋中煮開，做成糖水，再倒入扁桃仁碎、榛果碎、葵花籽、白芝麻、亞麻籽、玉米脆片，將糖水和乾果碎混合物拌勻後過濾掉糖水。
2. 將步驟 1 倒在鋪有矽膠墊的烤盤中，放入烤箱以 160℃烘烤 20 分鐘，使其焦化，冷卻後，用擀麵棍擀碎。
3. 將白巧克力融化，和稀扁桃仁膏、扁桃仁醬放在鍋中加熱至 35℃，再加入鹽之花一起混合均勻。
4. 將步驟 2 和步驟 3 混合，用橡皮刮刀拌勻。
5. 在每個模具中倒入 110 克的步驟 4，用小的抹刀壓實，壓平。

註：18 公分 ×18 公分的正方形的模具，高約 6.5 公分

達克瓦茲餅底

[配方]

蛋白...........................400 克
蛋白粉..........................3 克
細砂糖.........................30 克
扁桃仁粉.....................315 克
糖粉...........................315 克

[製作過程]

1. 將蛋白放入廚師機中，加入蛋白粉，打至 6 成發。
2. 加入一半的細砂糖，打至濕性發泡，再加入剩餘的一半細砂糖打成乾性狀態 (鳥嘴狀)。
3. 將扁桃仁粉和糖粉過篩，加入步驟 2 中，邊倒邊用橡皮刮刀以翻拌的手法拌勻。
4. 將步驟 3 倒在鋪有矽膠墊的烤盤中，用抹刀抹平，放入烤箱以 180℃烘烤 5 分鐘，再將烤盤轉向烘烤 5 分鐘即可。取出後用模具裁成 3 片，平均放置到雜錦果麥脆餅上壓平，使兩塊餅底黏合到一起。

杏桃果泥

[配方]

杏桃塊.....................1000 克
杏桃果泥....................500 克
黃檸檬果泥...................80 克
轉化糖漿.....................60 克
香草莢 (雲尼拿條)........1 根
細砂糖.......................60 克
NH 果膠粉...................20 克

[準備]

將香草莢取籽。

[製作過程]

1. 將杏桃去皮切片，與杏桃果泥、黃檸檬果泥、轉化糖漿、香草籽一起放入鍋中加熱至 40℃。
2. 將細砂糖與 NH 果膠粉的混合物邊攪拌邊加入鍋中。
3. 用打蛋器拌勻，煮滾後轉小火，繼續煮至杏桃變成杏泥。
4. 將步驟 3 裝進模具中，放入冷凍庫冷凍。

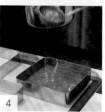

主廚訣竅

煮滾後最好不要過度的攪拌，保持杏桃的塊狀，食用時也能增加口感。

香草乳酪慕斯

[配方]

細砂糖 ....215 克
水(1) ....70 克
蛋黃 ....195 克
奶油乳酪（忌廉芝士）..520 克
香草莢 ....2 根
動物性鮮奶油.............520 克
吉利丁粉（魚膠粉）......23 克
水(2) ....161 克

[準備]

吉利丁粉和水(2)浸泡。香草莢取籽。

主廚訣竅

蛋黃在使用前最好不要低於
30℃，避免沖糖漿時糖漿結塊。

[製作過程]

1. 將細砂糖和水(1)一起放入鍋中加熱，煮到121℃（溫度計測溫）。
2. 將蛋黃倒入廚師機中打發，將步驟 1 沖入正在打發的蛋黃中，沿鍋壁倒入，防止糖漿噴濺。
3. 將泡好的吉利丁粉隔水加熱，融化成液態，倒入步驟 2 中拌勻。
4. 將奶油乳酪軟化，分次加入到步驟 3 中用橡皮刮刀充分的拌勻。
5. 將香草籽加到動物性鮮奶油中一起打發。
6. 將步驟 4 分次加入到步驟 5 中，用橡皮刮刀以翻拌的手法拌勻。

杏桃淋面

[配方]

無糖煉乳（煉奶）........360 克
水 ....230 克
葡萄糖漿.....................80 克
細砂糖 ....80 克
X58 冷凝果膠粉 ....14 克
無色鏡面.....................960 克
白色色粉......................24 克
橘色色粉......................適量

[準備]

吉利丁粉和水(2)浸泡。香草莢取籽。

[製作過程]

1. 將煉乳、水、葡萄糖漿拌勻後，加入白色及橘色色粉拌勻。
2. 邊攪拌邊加入細砂糖和 X58 冷凝果膠粉的混合物，加熱煮滾。
3. 離火，加入無色鏡面，用均質機拌勻。
4. 用錐形網篩將步驟 3 過濾到大盆中，用保鮮膜緊貼表面保存，冷藏一晚使用。

[材料]

馬斯卡彭奶油 (Mascarpone 忌廉).........................適量
葡萄糖漿.....................適量
杏仁.........................適量
巧克力裝飾片...............一片
金箔.........................適量

[準備]

將奶油切丁。

[製作過程]

1 在正方形模具中加入 1 匙的香草乳酪慕斯，用抹刀抹平。

2. 放入雜錦果麥脆餅與達克瓦茲餅底的夾層，達克瓦茲餅底朝上。

3. 再倒入約 1 公分厚的香草乳酪慕斯，再放上凍好的杏桃果凍。

4. 在模具中擠滿香草乳酪慕斯，用抹刀抹平，放入冷凍庫凍硬。

5. 在烤盤上鋪一層保鮮膜，放上網架。取出步驟 4 脫模，放在網架上，進行淋面。

6. 在事先準備好的巧克力反面擠上馬斯卡彭奶油，蓋在表面已經凝固了的蛋糕上。用剩餘淋面在表面擠出不規則的圓點，在空隙處點上一點葡萄糖漿，擺放上杏仁裝飾即可。

🧑‍🍳 主廚訣竅

在杏仁底下點一點葡萄糖漿，可以更好的黏住杏仁，防止杏仁來回晃動。

巧克力 & 糖果

Chocolate & Candy

巧克力製作流程

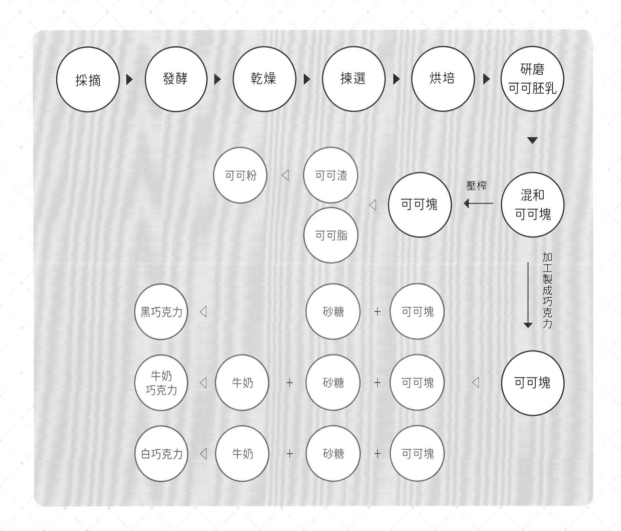

1 · 採摘

　　可可樹是一種熱帶植物，只在炎熱的氣候下成長。它的種植就被限定在赤道南北各二十個緯度間的陸地上。經過修剪和精心培植，大多數種類的可可樹會在第五年開始結果。每年2次，在固定時間內（10～15天）採摘。可可的果實為可可豆莢，採摘者需根據可可豆的顏色及敲打的觸感判斷其是否成熟能採摘。用特製的鋼刀進行採摘，採摘後，先剖開堅硬的豆莢殼，取出可可豆，再用手將可可豆一粒一粒撥散。

2・發酵

採摘後的可可豆需在 24 小時內完成發酵。發酵有 3 個目的：1・使包裹可可豆的白色果肉腐爛變軟，更容易取出可可豆。2・避免發芽，更容易保存可可豆。3・使可可豆變為獨特、美麗的茶褐色，且可可豆充分膨脹，產生苦味、酸味、增添香味。

發酵時，需要充分的溫度，且不斷攪拌使空氣進入，才能將所有可可豆均勻發酵。

3・乾燥

發酵後的可可豆含水量約 60%，但可可豆的最佳保存狀態其含水量需降至約 8%。所以，必須進行可可豆乾燥。乾燥方式可採取將可可豆攤在陽光下，日曬約 2 週。曬乾的可可豆會變成巧克力色，這個階段的可可豆就可以運往世界各地，進行下一步加工。

4・揀選、保存

將可可豆運送到生產巧克力的工廠後，首先進行品質檢驗，仔細檢驗這些可可豆是否有發黴、蟲蛀、發芽、發酵不完全等情況，再放到溫度調節的清潔環境中保存。

5・清理

將可可豆放入旋轉的機器內清除雜物、塵土，再過篩清理乾淨。

6・烘焙

烘焙可可豆與烘焙咖啡豆的操作相同，都是為了增添可可豆的香味，同時，烘烤 10 ～ 30 分鐘後，可可豆的含水量可降低到 3%，外表乾燥也會更容易剝離。

7・研磨

將烘焙後的可可豆放入滾筒機內壓碎，用風扇破碎機吹去包裹可可豆的硬殼、表皮，只留下可可豆仁部分。用機器將可可胚乳磨碎為順滑的物質再凝固後，就成為可可塊。黑巧克力是可可塊加入砂糖，牛奶巧克力是可可塊加入砂糖、牛奶，白巧克力是可可脂加入砂糖、牛奶，再用機器混合形成。將巧克力放入精磨機中磨碎，最終能精煉出直徑 0.02 公釐的顆粒。

另外，可可塊用壓榨機榨過後的油脂部分，即可可脂，還有固體部分可可渣。將可可渣提煉、冷卻凝固後研磨成粉，即為可可粉。

8・精煉、成熟

將呈柔細狀態的巧克力放入精煉機裡精煉。需保持精煉機桶內溫度 30℃，2 個攪拌棒不停攪拌 24 ～ 72 小時至成熟。觀察巧克力的狀態，若質地不夠柔細，需加入可可脂繼續攪拌。精煉、成熟的時間應根據巧克力的品質改變，這個操作在製作高級巧克力是非常重要，能使其具有絲絨般的口感和閃亮的色澤。

9・調溫和成形

將巧克力放入具有調溫功能的設備中，在溫度調整的狀態下放置在傳送帶上的模具內，待冷卻後脫模，包裝。最後巧克力製作完成。

★巧克力調溫技巧★

　　將巧克力融化後直接用於表面塗層，或倒入模具內凝固，就會形成表面無光澤、入口不能即化的巧克力，所以巧克力調溫是製作過程中非常重要的關鍵。

　　巧克力所含的可可脂是由幾種不同性質的分子構成，溫度調節能使這樣不同性質的分子結晶，達到良好的穩定狀態。

▪ 結晶的重要性

1・結晶能使外觀光亮細滑，口感酥脆，入口即化。

2・結晶能將巧克力倒入模具或進行其他加工時立即凝固，使操作更容易、順利。

3・結晶能使凝固後的巧克力輕易脫模。

▪ 調溫的方法

◀ 調溫好的巧克
　力有光澤

▪ 大理石調溫法

1・把切好的巧克力加熱融化，融化的溫度最高不要超過 45°C，最後用低溫融化。

2・把 2/3 融化的巧克力倒在大理石上，用鏟刀抹開。

3・用鏟刀舀起巧克力，在大理石上來回摩擦混合，不斷重複這個動作，充分混合、降溫。若是在同一處混合巧克力，大理石上的熱度無法散去，難以降溫，所以，在混合時要不斷移動位置。

4・將巧克力調溫至 28°C～ 29°C時，要儘快將巧克力裝回容器內，一旦巧克力溫度降低就會開始結晶容易結塊，因此，此一步驟要迅速進行。

5・用容器內剩餘的高溫巧克力將調溫後的巧克力融化，再次倒在大理石上面繼續調溫。

6・巧克力還很熱時，攤開的面積就要大一些，待溫度下降後，攤開的面積就要小一些，這樣操作是為了使巧克力不容易乾，而且易於調溫。

7・要時常用手背碰觸巧克力，以確認溫度。另一個確認的方法是觀察巧克力溫度下降、開始結晶

時，流動速度是否變緩。將巧克力裝回容器後要立即充分攪拌混合，再加熱 5 秒後從熱水中移開，繼續充分攪拌保持不凝固、易流動的狀態，溫度維持在 31℃～ 32℃。

8. 將半面鏟刀沾滿巧克力，放置 5 ～ 6 分鐘，凝固後有光澤，就表示調溫完成。

[調溫圖表]

種類	調和溫度	結晶溫度	工作溫度
黑巧克力	45 ～ 50℃	27 ～ 28℃	35 ～ 38℃
白巧克力	40 ～ 45℃	26 ～ 27℃	32 ～ 35℃
牛奶巧克力	40 ～ 45℃	26 ～ 27℃	32 ～ 35℃

★巧克力的融化★

對於巧克力要怎樣融化，用什麼方法融化比較好操作，好控制，這些問題一直都是眾說紛紜。融化溫度也很關鍵，溫度過高不易操作，溫度過低，巧克力又融化不了。以下介紹幾種巧克力融化的方法：

1 · 直接融化法

直接融化法是指用微波爐加熱融化。將巧克力切碎後放入乾燥無水的微波爐專用容器中，用中火加熱約 1 分鐘取出，用長柄的小湯匙沿同一個方向攪拌，攪拌時要慢一些，以免空氣進入而產生氣泡，也可避免巧克力糊底，再次放入微波爐中加熱後取出攪拌，這樣反復幾次，至 2/3 的巧克力融化時，從微波爐中取出，用餘溫融化剩下的巧克力，這樣融化出來的巧克力比較細膩軟滑，光澤度會更好。

2 · 隔水加熱融化法

隔水加熱融化可以用雙層盆或巧克力專用小鍋來融化。融化巧克力時水溫要控制在 40 ～ 45℃，溫度不能過高，否則會引起巧克力翻砂或出油，所以一定要用低溫來融化，這樣融化出來的巧克力光澤度好，而且比較細膩。巧克力容器裡不要有水，因為巧克力與水接觸後會使內部形成顆粒，而且會變稠，使操作不易掌握，容易堵塞操作器皿，而且製作出來的巧克力口感也不好。

3 · 巧克力恆溫爐融化法

用巧克力融化爐融化可以使巧克力在同一個溫度下，慢慢均勻地融化。它最大的好處是可以進行長時間的操作而不用頻繁的進行融化操作，因為融化爐可以保持恆溫，而且巧克力也可以隔夜使用。但需注意，正常操作時溫度要保持在 40℃，而隔夜時要放在 38℃的環境中，並且蓋好蓋子以防表面凝固，這樣在第二天使用時巧克力才不會出現異常情況。

★ MICHELIN ✕ DESSERT ★

香橙扁桃仁巧克力

此款甜點的特別之處在於它的夾心，一般最常見的巧克力夾心由果醬、甘納許組成，而這裡使用扁桃仁膏做為巧克力主體，很特別，從內而外散發著扁桃仁的濃郁。保持原味，又不失趣味。

成品製作時間 ▶ 40 分鐘（24 小時用於靜置）
口味描述 ▶ 清香、濃郁堅果味

香橙扁桃仁膏

[配方]

扁桃仁膏..................1000 克
糖漬橙皮丁 ....200 克
糖橙糖漿.....................175 克
柑曼怡 (香橙干邑香甜酒 Grand Marnier).....................30 克
可可脂 ....360 克
柳橙香精.....................20 滴
黑巧克力......................適量
糖漬橙皮丁 (裝飾).......適量

[準備]

在烤盤的反面沾一點水，蓋上一張巧克力用膠片，用刮板刮平。黑巧克力進行調溫，倒在表面抹平，放上壓克力框架。備用。

[製作過程]

1. 在廚師機中放入切塊的扁桃仁膏，依次加入糖漬橙皮丁、糖橙糖漿、柑曼怡、融化的可可脂，用扁形攪拌拍打至軟膏狀。
2. 加入柳橙香精攪拌均勻，鋪在準備好的巧克力中，表面蓋一層巧克力用膠片，室溫放置 24 小時。
3. 將黑巧克力進行調溫，在上方抹上薄薄的一層，待表面稍微凝結後，根據自己想要的大小切成長 9 公分 × 寬 2 公分的長方形。
4. 將切好的步驟 3 用叉子叉起，浸入巧克力中，使表面全部沾滿巧克力後撈出，用吹風機冷風吹去表面多餘的巧克力，放到烘焙紙上，在頂端的一側放上糖漬橙皮丁即可。

1
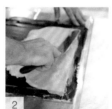
2

3

4

5

🎩 主廚訣竅　　　自製扁桃仁膏

[配方]

扁桃仁粉.. 1000 克
細砂糖 ....500 克
轉化糖漿.... 150 克
葡萄糖漿......65 克
水 ....250 克

[製作過程]

❶扁桃仁粉倒入料理機中粉碎。
❷細砂糖、轉化糖漿、葡萄糖漿、水倒在熬糖鍋中加熱煮滾。
❸將煮滾後的步驟 2 倒入步驟 1 中，攪拌至 85℃即可。
❹將步驟 3 放在桌面，撒上適量的糖粉，搓成圓柱形，用保鮮膜包好，常溫保存 24 小時後進行使用即可。

★ MICHELIN ✕ DESSERT ★

香橙小荳蔻甘納許牛奶巧克力

　　巧克力，是世界上最受歡迎的食品之一，拜訪親朋好友，帶上一盒包裝精美的巧克力，當作伴手禮，體面又大方。再加上香橙酸甜的滋味，每一口都讓人甜在心裡。

成品製作時間 ▶ 90 分鐘
口味描述 ▶ 濃郁、清香

巧克力殼

[配方]

可可脂 .... 適量
巧克力脂溶性色粉 .... 適量
調溫巧克力 .... 適量

[製作過程]

1. 用酒精將模具擦拭乾淨，擦完後倒扣在桌面上。
2. 可可脂調色：將可可脂隔水融化，加入色粉調色。一般加入可可脂重量的 10% ～ 20% 的色粉，用均質機將色粉與可可脂進行均質乳化，消除顆粒。
3. 模具噴色：
   溫度：模具　　22 ～ 23℃
   　　　室溫　　22℃
   　　　可可脂　30℃
   （1）用熱風槍將噴筆噴頭進行加熱。
   （2）少量多次噴入調色後的可可脂，待可可脂乾透後，噴入一層白色可可脂。
   （3）待噴色結束後用巧克力鏟刀將模具表面的可可脂鏟乾淨後，將模具表面倒扣在毛巾上，將表面殘留的可可脂擦拭乾淨。
   （4）觀察可可脂是否結晶，如果沒有結晶，就放入冰箱冷藏 2 分鐘後取出，放至室溫 20℃ 以下。
4. 倒殼：將調溫好的巧克力倒入模具中，震動模具，使巧克力中的氣泡浮出表面，將模具反扣到容器上，敲動模具，將巧克力倒出，將模具表面的巧克力用鏟刀鏟乾淨後，放入冰箱冷藏，幫助巧克力結晶，5 分鐘後取出，放至室溫 20℃ 以下。

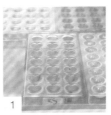
1

2

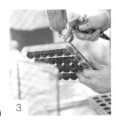
3

4

5. 擠醬：醬料要低於 25℃，否則會將巧克力殼融化，醬料擠至 9 分滿，預留位置封口。

6. 封口：將調溫好的巧克力擠到醬料凹槽表面，震動模具，使巧克力填滿凹槽的所有縫隙，用鏟刀將巧克力表面刮平整，放入冰箱冷藏 10 分鐘，取出脫模即可。

香橙小荳蔻甘納許 (Ganache)

[配方]

動物性鮮奶油.............800 克
香橙皮屑....................40 克
鹽...............................2 克
小荳蔻.........................5 克
山梨糖醇 (* 白色吸濕性粉末)
.................................90 克
細砂糖.......................310 克
奶油 (牛油)..............300 克
牛奶巧克力...............500 克
黑巧克力...................250 克
香橙香精...................16 滴

[製作過程]

1. 將動物性鮮奶油、香橙皮、鹽和小荳蔻倒入鍋中，攪拌均勻，中火加熱煮滾。

2. 將山梨糖醇放入鍋中融化後，分次加入細砂糖，煮成焦糖，將步驟 1 過濾後沖入步驟 2 中，攪拌均勻，加入切塊奶油，攪拌均勻。

3. 將牛奶巧克力和黑巧克力放入料理機中稍微打碎，將步驟 2 加入料理機中一起打至乳化。

4. 最後加入香橙香精，攪拌均勻，降溫至 28 度以下，擠入準備好的巧克力殼中，至 9 分滿，最後封口，放入冰箱冷藏 10 分鐘，取出脫模即可。

巧克力的歷史發展

巧克力的最早歷史應源自於美洲。1492 年以前，人們對這種風靡全球的食物還一無所知。

哥倫布從美洲凱旋歸來後，將一批奇妙的珍寶呈獻給西班牙國王。在那些奇珍異寶中，就有一些深棕色形似杏仁的可可豆，這是斐迪南國王和伊莎貝拉王后第一次看到可可豆（一種可以製造巧克力和可可粉的原料）。國王和王后做夢也沒想到可可豆竟如此重要，於是將巧克力龐大的商機留給了偉大的西班牙探險家赫南爾·科爾斯特（Hernán Cortés）

在征服墨西哥的過程中，科爾斯特發現了阿斯特克印第安人用可可豆準備他們王國的皇家飲品「巧克力特爾」意思是熱的飲料。這些飲料裝在金製高腳杯裡，就像用來敬奉神靈一樣。巧克力特爾儘管有著皇家氣派，但口味非常苦，不合西班牙人的口味。為使這種混合飲料更適合歐洲人，科爾斯特和他的同胞想出用蔗糖將它變甜的主意。

當他們把可可豆帶回西班牙後，用蔗糖使巧克力飲料變甜的主意得到了肯定，再加入肉桂和香蘭素等幾種最新發現的香料後，口味更加豐富，在西班牙貴族中很快贏得了讚譽。西班牙明智地著手在其海外殖民地種植可可，擴大生產，1591 年，傳入義大利，後來傳入德國、荷蘭、法國，可可的種植進一步得到發展。

1615 年，當時西班牙國王菲力浦三世的女兒與法國國王路易十三結婚時，將可可傳入法國。隨著香料商人、藥劑師等開始使用可可豆後，逐漸廣為人知。

1657 年，第一家的巧克力屋誕生，提供可可及巧克力飲料。而一種經過改良的蒸汽引擎加速了生產轉型，這種引擎使可可研磨工序實現了機械化，取代了手工生產。到 1730 年，巧克力的價格從每磅 3 美元以上降到了所有人都能承受的價格。

1828 年，可可榨壓機的發明進一步降低了巧克力的價格，並有助於透過榨出部分可可脂（可可豆中自然形成的脂肪）來提高巧克力的品質，並加以改良。從此以後，巧克力就慢慢具有了細滑口感和濃郁的香味。

鹹焦糖巧克力棒

★ MICHELIN ✕ DESSERT ★

酥脆的餅底與海鹽焦糖完美結合，在入口的那一瞬間，軟、硬兩種口感在嘴巴中炸裂，帶給你非比尋常的韻味。

成品製作時間 ▶ 40 分鐘（24 小時用於靜置）

口味描述 ▶ 酥脆、微苦

維也納酥餅

[配方]

奶油 (牛油)...............375 克
細砂糖 ....150 克
鹽之花 ....2 克
香草莢 (雲尼拿條).......1 根
中筋麵粉...................450 克
蛋白...........................60 克

[準備]

香草莢取籽備用。

[製作過程]

1. 將奶油、細砂糖、鹽之花和香草籽放入廚師機中，用扇形攪拌器攪拌均勻。
2. 加入中筋麵粉，慢速攪拌成團。
3. 將步驟 2 包上保鮮膜放入冰箱進行冷藏。
4. 將步驟 3 取出，擀至 2 公分厚，切成長 9 公分 × 寬 2 公分的長條，放入鋪有矽膠墊的烤盤中，放入烤箱，以 170℃烘烤約 10 ～ 12 分鐘，出爐後冷卻備用。

1

2

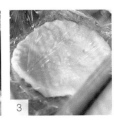
3

4

海鹽焦糖

[配方]

動物性鮮奶油............600 克
細砂糖........................200 克
轉化糖漿...................100 克
小蘇打 (梳打粉)...........2 克
葡萄糖漿...................150 克
有鹽奶油 (有鹽牛油)..150 克
可可脂.........................50 克
液體卵磷脂...................2 克
牛奶巧克力.................適量

[準備]

將奶油切丁。

[製作過程]

1. 將動物性鮮奶油、細砂糖、轉化糖漿、小蘇打、葡萄糖漿倒入鍋中，中火加熱至 118℃。

2. 在步驟 1 煮滾後，分 6 次加入奶油，繼續加熱至 118℃，離火，加入可可脂和液體卵磷脂，攪拌均勻，充分的融合在一起。

3. 在大理石桌面上鋪一張矽膠墊，放上方形慕斯圈，將步驟 2 倒入方形慕斯圈中，室溫下靜置 24 小時。

4. 用刀將凝固的步驟 3 脫模，並切成長 9 公分 × 寬 2 公分的長條。

5. 在冷卻後的維也納酥餅上擠少量的醬料，達到黏合的作用，再將切好的步驟 4 放在維也納酥餅之上。

6. 取適量的牛奶巧克力進行調溫，用叉子叉起步驟 5，放入牛奶巧克力中，使整體裹上一層牛奶巧克力。

7. 將步驟 6 從牛奶巧克力中撈出，用吹風機冷風將表面多餘的巧克力吹落。取少量調溫過的黑巧克力裝入用烘焙紙製作的裱花袋中，在尖端處剪小口，在尚未完全凝固的牛奶巧克力表面擠出細條進行裝飾，待巧克力自然結晶即可。

巧克力的主要成分

　　目前國內的巧克力有很多種，口味也不一樣，各有各的特色，巧克力的樣式及品牌雖然千變萬化，但大致可以分為純脂巧克力和代脂巧克力兩種。

▶ 純可可脂

　　可可脂是由可可豆加工而成的天然油脂，含有豐富的不飽和脂肪酸，食用後不會造成血壓、膽固醇升高。其中可可脂含量高的黑巧克力中含有鈣、磷、鎂、鐵、鋅、銅等多種礦物質。可可脂中的多酚類物質可抗氧化，達到預防心血管病的作用。一般來說，可可脂的濃度越大，巧克力的味道越好，但由於是用可可果提煉的，價格較為昂貴，在常溫下也較不易保存。

▶ 代可可脂

　　代可可脂是由棕櫚油或棕櫚核仁油經過高科技冷卻分離，再經特殊氫化，精煉調理而成的一種凝固性油脂。其特性是結實且脆，無嗅無味，抗氧化力強，無皂味，無雜質，溶解速度快。由代可可脂製成的巧克力產品表面光澤良好，保存期長，入口無油膩感，不會因溫度差異產生表面霜化。但因為含有反式脂肪酸，對人體健康危害較大，建議盡量不要使用。

肉桂的獨特香氣與巧克力相互結合，
碰撞出新穎的口味，只要學會甘納許的一
種做法，就可以調配出各種不同的風味。
一通百變，也是它的魅力所在。

成品製作時間 ▶ 60 分鐘

口味描述 ▶香甜、微微的辛辣中含有爽口的香味。

巧克力殼

[配方]

可可脂	適量
巧克力脂溶性色粉	適量
調溫巧克力	適量

[製作過程]

1. 用酒精將模具擦拭乾淨，擦完後倒扣在桌面上

2. 可可脂調色：將可可脂隔水融化，加入色粉調色。一般加入可可脂重量的 10%～20% 的色粉，用均質機將色粉與可可脂進行均質乳化，消除顆粒。

3. 模具噴色：

　　溫度：模具　　22～23℃

　　　　　室溫　　22℃

　　　　　可可脂　30℃

　　（1）用熱風槍將噴筆噴頭進行加熱。

　　（2）少量多次噴入調色後的可可脂，待可可脂乾透後，噴入一層白色可可脂。

　　（3）待噴色結束後用巧克力鏟刀將模具表面的可可脂鏟乾淨，將模具表面倒扣在毛巾上，將表面殘留的可可脂擦拭乾淨。

　　（4）觀察可可脂是否結晶，如果沒有結晶，就放入冰箱冷藏 2 分鐘後取出，放至室溫 20℃以下。

4. 倒殼：將調溫好的巧克力倒入模具中，震動模具，使巧克力中的氣泡浮出表面，將模具反扣到容器上，敲動模具，將巧克力倒出，將模具表面的巧克力用鏟刀鏟乾淨，放入冰箱冷藏，幫助巧克力結晶，5 分鐘後取出，放至室溫 20℃以下。

5. 擠醬：醬料要低於25℃，否則會將巧克力殼融化，醬料擠至9分滿，預留位置封口。

6. 封口：將調溫好的巧克力擠到醬料凹槽表面，震動模具，使巧克力填滿凹槽的所有縫隙，用鏟刀將巧克力表面刮平整，放入冰箱冷藏 10 分鐘，取出脫模即可。

肉桂焦糖醬

[配方]

肉桂粉 ....3 克
動物性鮮奶油............300 克
山梨糖醇 (* 白色吸濕性粉末)
.................................20 克
細砂糖 ....250 克
奶油 (牛油).............130 克

[製作過程]

1. 將肉桂粉、動物性鮮奶油倒入鍋中，加熱煮滾。
2. 將山梨糖醇放入另一個鍋中融化，分次加入細砂糖煮成焦糖，將步驟 1 沖入步驟 2 中，攪拌均勻，加入切塊奶油，攪拌均勻，煮至 107℃。
3. 用均質機將步驟 2 進行均質乳化，降溫至 28℃以下，擠入準備好的巧克力殼中，至 1/3 處，放在室溫中使其表面凝結備用。

肉桂甘納許 (Ganache)

[配方]

動物性鮮奶油.............500 克
奶油............................40 克
山梨糖醇.....................70 克
肉桂棒 ....25 克
肉桂碎 ....2.3 克
葡萄糖漿.....................55 克
轉化糖漿.....................40 克
65% 黑巧克力............450 克
38% 牛奶巧克力 ....250 克

[製作過程]

1. 將動物性鮮奶油、奶油、山梨糖醇、肉桂棒、肉桂碎、葡萄糖漿和轉化糖漿放入鍋中，攪拌均勻，加熱煮至 60℃。
2. 將 38% 牛奶巧克力和 65% 黑巧克力放入料理機中，進行粉碎，倒入步驟 1 進行充分均質乳化。
3. 將步驟 2 降至 28℃以下，擠在肉桂焦糖醬的上方，至 9 分滿，最後封口，放入冰箱冷藏 10 分鐘，取出脫模即可。

巧克力的儲存

巧克力是一種嬌貴的點心，雖然巧克力本身並不容易腐壞變質，但因可可脂在20℃以上就會融化，因此只要室溫高一點，巧克力就會軟化。一旦軟化，就算再次冷凍成固體，口感也會有所差異，因此巧克力的保存要非常小心。

▶ **夾心巧克力的儲存**

巧克力的保存期限多為一年左右，但隨著夾心食材的不同，儲存時間會有所增減。尤其是添加鮮奶或牛奶成分較高、榛果類的巧克力產品，由於牛奶及榛果的保存期限不長，相對縮短了巧克力的保存期限。購買時要注意生產日期，保存時盡量越快吃完越好，讓新鮮百分百的好味道留在唇齒間，慢慢回味它的醇香。

▶ **儲藏溫度**

巧克力的最佳儲藏溫度為 15 ～ 18℃，且需儲存在乾燥、陰暗的地方。儲藏溫度不宜變化過大，從儲存環境取出時與室溫相差不宜超過 7℃。儲存溫度不可低於15℃。

▶ **儲藏濕度**

儲存巧克力時，應使其相對濕度保持在 50% ～ 60%。開封的巧克力應保持密封，避免與空氣接觸，防止變乾、氧化。

▶ **避免陽光直射**

巧克力對陽光非常敏感，尤其是乳白巧克力，開封後一定要密封好，保存於陰涼處。

▶ **避免環境汙染**

巧克力應與具有刺激性氣味和強烈味道的食材分開儲存。尤其是調溫巧克力對於異味非常敏感，保存時必須遠離外界的異味，保持環境衛生，防止昆蟲破壞、侵蝕。

★ MICHELIN ✕ DESSERT ★

優格甘納許
櫻桃果凍巧克力

酸甜的櫻桃果凍、醇香的優格甘納許，不論是顏色或是口感，都是絕妙的組合，令人回味無窮！

成品製作時間 ▶ 60 分鐘（24 小時用於靜置）

口味描述 ▶ 酸甜、奶香

巧克力殼

[配方]

可可脂 .... 適量
巧克力油溶性色粉 .... 適量
調溫巧克力 .... 適量

[製作過程]

1. 用酒精將模具擦拭乾淨，擦完後倒扣在桌面上
2. 可可脂調色：將可可脂隔水融化，加入色粉調色。一般加入可可脂重量的 10% ～ 20% 的色粉，用均質機將色粉與可可脂進行均質乳化，消除顆粒。
3. 模具噴色：
   溫度：模具　　22 ～ 23°C
   　　　室溫　　22°C
   　　　可可脂　30°C
   （1）用熱風槍將噴筆噴頭進行加熱。
   （2）少量多次噴入調色後的可可脂，待可可脂乾透後，噴入一層白色可可脂。
   （3）待噴色結束後用巧克力鏟刀將模具表面的可可脂鏟乾淨，將模具表面倒扣在毛巾上，將表面殘留的可可脂擦拭乾淨。
   （4）觀察可可脂是否結晶，如果沒有結晶，就放入冰箱冷藏 2 分鐘後取出，放至室溫 20°C 以下。
4. 倒殼：將調溫好的巧克力倒入模具中，震動模具，使巧克力中的氣泡浮出表面，將模具反扣到容器上，敲動模具，將巧克力倒出，將模具表面的巧克力用鏟刀鏟乾淨，放入冰箱冷藏，幫助巧克力結晶，5 分鐘後取出，放至室溫 20°C 以下。

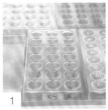
1

2

3

4

5　擠醬：醬料要低於25℃，否則會將巧克力殼融化，醬料擠至9分滿，預留位置封口。

6　封口：將調溫好的巧克力擠到醬料凹槽表面，震動模具，使巧克力填滿凹槽的所有縫隙，用鏟刀將巧克力表面刮平整，放入冰箱冷藏 10 分鐘，取出脫模即可。

櫻桃果凍

[配方]

櫻桃果泥.....................450 克
櫻桃乾.........................80 克
NH 果膠........................9 克
細砂糖.........................30 克
細砂糖........................120 克

[製作過程]

1. 先將櫻桃果泥和櫻桃乾放入鍋中，加熱煮至 50℃。

2. 將 30 克細砂糖和 NH 果膠混合均勻，緩慢加入步驟 1 中，繼續進行攪拌。

3. 將步驟 2 煮開後加入 120 克細砂糖，攪拌均勻，繼續加熱至煮滾，保持煮滾 2～3 分鐘。

4. 用均質機將步驟 3 攪打至無顆粒，冷卻至 25℃，擠入準備好的巧克力殼中，至 1/3 處，放於室溫中使其表面凝結備用。

優格甘納許 (Ganache)

[配方]

動物性鮮奶油.............160 克
奶油 (牛油).................40 克
山梨糖醇 (* 白色吸濕性粉末)
.................................40 克
優格粉 (乳酪粉)..........40 克
卵磷脂.........................1.5 克
牛奶...........................120 克
白巧克力.....................350 克
可可脂.........................30 克

[製作過程]

1. 將動物性鮮奶油、奶油、山梨糖醇、優格粉、卵磷脂和牛奶放入鍋中，煮至 60℃。

2. 將白巧克力和可可脂放入均質機中，倒入步驟 1，進行均質乳化。

3. 將步驟 2 冷卻至 25℃，擠在櫻桃果凍的上面，至 9 分滿，最後封口，放入冰箱冷藏 10 分鐘，取出脫模即可。

巧克力的種類

▶黑巧克力

巧克力的稱謂是法國瓦爾胡那公司在 1986 年創造的，採用南美洲的可可豆製作。可可含量比較高，根據可可脂含量的不同，黑巧克力大致分為半苦巧克力、苦巧克力、特苦巧克力。

其成分比例分別為：

半苦巧克力可可含量占 55%～58%、砂糖占 42%～45%。

苦巧克力可可含量占 60%、砂糖 40%。

特苦巧克力可可含量占 70% 以上。

▶牛奶巧克力

牛奶巧克力最初是瑞士人發明的，因此一度是瑞士的專利產品，直到現在一些世界上最好的牛奶巧克力仍然在瑞士，牛奶巧克力的可可含量較少，牛奶成分較多。其成分比例為可可含量占 36%、砂糖占 42%，其餘成分為牛奶。所有油脂（包含乳脂）成分占總量的 38%。

▶白巧克力

白巧克力是由可可脂（植物油脂）、糖和牛奶混合製作而成，其成分比例為可可脂占 30%，剩餘的部分為砂糖、牛奶。

▶可可脂

可可脂是從可可豆裡榨出的油料，是巧克力中的凝固劑，它的含量決定了巧克力品質的高低。可可脂的熔點較高，為 28℃左右，常溫下呈固態。可可脂融化後如澄清奶油狀。

▶可可粉

可可粉是可可豆經過一系列工序後得到的可可豆碎片，脫脂粉碎之後獲得的。可可粉是巧克力製品的常用原料，可可脂含量較低，一般為 20%，可分為無味可可粉和甜味可可粉兩種。

★ MICHELIN ✕ DESSERT ★

雙果焦糖牛奶巧克力

此款甜點可以讓人享受到爽口的芒果、百香果味道和焦糖的微苦醇香，體驗雙層夾心帶來的味覺享受。

成品製作時間 ▶ 60 分鐘
口味描述 ▶ 清新、微苦

巧克力殼

[配方]

可可脂 .... 適量
巧克力油溶性色粉 .... 適量
調溫巧克力 .... 適量

[製作過程]

1. 用酒精將模具擦拭乾淨，擦完後倒扣在桌面上。
2. 可可脂調色：將可可脂隔水融化，加入色粉調色。一般加入可可脂重量的 10%～20% 的色粉，用均質機將色粉與可可脂進行均質乳化，消除顆粒。
3. 模具噴色：
   溫度：模具　　22～23℃
   　　　室溫　　22℃
   　　　可可脂　30℃
   （1）用熱風槍將噴筆噴頭進行加熱。
   （2）少量多次噴入調色後的可可脂，待可可脂乾透後，噴入一層白色可可脂。
   （3）待噴色結束後用巧克力鏟刀將模具表面的可可脂鏟乾淨，將模具表面倒扣在毛巾上，將表面殘留的可可脂擦拭乾淨。
   （4）觀察可可脂是否結晶，如果沒有結晶，就放入冰箱冷藏 2 分鐘後取出，放至室溫 20℃以下。
4. 倒殼：將調溫好的巧克力倒入模具中，震動模具，使巧克力中的氣泡浮出表面，將模具反扣到容器上，敲動模具，將巧克力倒出，將模具表面的巧克力用鏟刀鏟乾淨，放入冰箱冷藏，幫助巧克力結晶，5 分鐘後取出，放至室溫 20℃以下。
5. 擠醬：醬料要低於 25℃，否則會將巧克力殼融化，醬料擠至 9 分滿，預留位置封口。
6. 封口：將調溫好的巧克力擠到醬料凹槽表面，震動模具，使巧克力填滿凹槽的所有縫隙，用鏟刀將巧克力表面刮平整，放入冰箱冷藏 10 分鐘，取出脫模即可。

1

2

3

4

5

6

雙果夾心

[配方]

動物性鮮奶油 36%.....800 克
轉化糖漿.....................60 克
細砂糖......................520 克
葡萄糖漿...................200 克
百香果果泥................190 克
芒果果泥...................200 克
奶油 86%(牛油 86%) ..65 克
可可脂.......................70 克
卵磷脂膏......................2 克
檸檬酸.........................4 克

[準備]

奶油切塊備用。

[製作過程]

1. 將動物性鮮奶油、轉化糖漿、細砂糖和葡萄糖漿放入鍋中，攪拌均勻，中火煮至 110℃。
2. 加入加熱至 50℃的芒果果泥和百香果果泥混合物和奶油，攪拌均勻，煮至 105℃。
3. 加入可可脂和卵磷脂膏，攪拌均勻。
4. 加入檸檬酸，攪拌均勻，離火，保持醬料的流動性，擠入準備好的巧克力殼中，至 1/3 處，放於室溫中使其表面凝結備用。

蓽拔焦糖醬

[配方]

蓽拔 (長胡椒)..............適量
動物性鮮奶油.............300 克
山梨糖醇 (* 白色吸濕性粉末)
..................................20 克
細砂糖......................250 克
奶油 (牛油)..............130 克
卵磷脂.........................7 克
葡萄糖漿.....................60 克
鹽.............................1.5 克

[製作過程]

1. 將蓽拔和動物性鮮奶油倒入鍋中，加熱煮滾，取出蓽拔。
2. 將山梨糖醇放入鍋中融化，分次加入細砂糖進行融化，煮成焦糖，加入過濾好的步驟 1，攪拌均勻。
3. 加入奶油、卵磷脂、鹽和葡萄糖漿，攪拌均勻，煮至 107℃，離火，用均質機打至順滑。
4. 將步驟 3 降溫至 28 度以下，擠在雙果夾心的上方，至 9 分滿，最後封口，放入冰箱冷藏 10 分鐘，取出脫模即可。

手工巧克力常出現的問題

1‧返砂

巧克力經過高溫加熱或是多次使用後產生顆粒的現象稱為返砂，通常有兩大因素會使巧克力返砂：

①溫度：當融化巧克力溫度較高時，巧克力裡面的糖分就會變成糖漿，繼續加熱就會變成焦糖，再加熱就會返砂，這樣在操作或食用時就會出現顆粒，所以應使用合適的溫度對巧克力進行融化。

②水分：當巧克力裡面的糖與水分接觸後會融化變成糖漿，所以巧克力會變稠，繼續加熱就會變成焦糖，再加熱就會返砂，最後就會有顆粒出現。

當巧克力返砂後，使用時要用細的篩子過濾，不過為了不影響製作產品的味道和口感，建議最好不用，以確保巧克力產品香濃柔滑的口感和優良的品質。

2‧變稠

使巧克力變稠的原因有兩大因素。

①水分：當巧克力裡面的糖與水分接觸後會融化變成糖漿，所以巧克力會變稠，這樣會影響整體的口感，所以製作巧克力時應盡量避免與水分接觸。

②油脂：製作巧克力時，巧克力裡含有的油脂會慢慢流失，因為巧克力裡面的油脂會黏在工作檯面或工具上，幾次下來，巧克力就會變稠，想讓巧克力重新恢復操作的最佳狀態，就要在變稠的巧克力裡加入部分可可脂調勻，使其恢復細滑的口感。

3‧出油

巧克力長時間處在恆溫或高溫的環境下會出油，使用時透過調溫將巧克力攪拌均勻即可。

4‧巧克力霜

有時，在巧克力的表面可以看到一層灰白色的表層，稱為巧克力霜。在巧克力表面通常有兩種類型的巧克力霜。

第一種：由可可脂產生的巧克力霜。當巧克力所處的環境溫度過高時，可可脂晶體會升到表面層，當冷卻後，它們又重新發生結晶。這種情況下，巧克力口味並不受影響，必要時可以透過加熱調溫來解決這個問題。

第二種：由水分產生的巧克力霜。水分接觸巧克力時會產生糖霜，當巧克力中的糖晶體接近表面，融化在水蒸氣中後會發生重結晶，破壞巧克力的質地，使巧克力顏色發灰，有沙粒感。

★ MICHELIN 🍴 DESSERT ★

熱帶水果
巧克力棒

此款甜點不僅加入了對健康有益的堅
果，還搭配了清爽的百香果，在濃郁中找到
了一絲清新的氣息。只有細細品味，方能感
受到它的甜、香、濃、醇。

成品製作時間 ▶ 40 分鐘（24 小時用於靜置）

口味描述 ▶ 清香、堅果

焦糖椰肉

[配方]

百香果果泥 ....50 克
細砂糖 ....65 克
椰蓉 ....130 克

[製作過程]

1. 將百香果果泥和細砂糖一起倒入鍋中煮滾。加入椰蓉翻拌均勻，倒在鋪有矽膠墊的烤盤上，用烤箱 150℃烘烤至略微焦化，在烘烤的過程中，要多次的翻拌，使整體均勻上色，備用。

百香果果凍

[配方]

百香果果泥 ....450 克
細砂糖 ....300 克
NH 果膠粉 ....6 克

[製作過程]

1. 將百香果果泥倒入鍋中加熱至 50℃，倒入細砂糖和 NH 果膠粉的混合物加熱至 107℃即可。
2. 將步驟 1 倒入盆中，表面貼一層保鮮膜，放入冰箱冷藏靜置一夜，第二天取出，倒入料理機中攪打成膏狀。
3. 將步驟 2 裝入裱花袋中備用。

 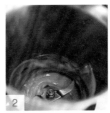 

百香果甘納許 (Ganache)

[配方]

百香果果泥 ....140 克
山梨糖醇 (* 白色吸濕性粉末)
.....................................15 克
葡萄糖漿 ....35 克
奶油 (牛油)..................90 克
42% 牛奶巧克力 ....400 克

[製作過程]

1. 把百香果果泥、山梨糖醇、葡萄糖漿和奶油，一起倒入鍋中加熱至 65℃。
2. 牛奶巧克力倒入料理機中，快速攪打，在攪打的同時慢速加入步驟 1，打至順滑。

椰子榛果醬

[配方]

70% 黑巧克力..............28 克
榛果醬.......................438 克
鹽.................................1 克
36% 牛奶巧克力..........47 克
焦糖椰肉....................120 克
葡萄糖漿.....................適量

[準備]

①在烤盤的反面沾一點水，蓋上一張巧克力用膠片，用刮板刮平。
　70% 黑巧克力進行調溫，倒在表面抹平，放上壓克力框架。備用。
②將 36% 牛奶巧克力進行調溫。

[製作過程]

1. 將鹽倒入榛果醬中混合均勻，倒入料理機中攪打至順滑。
2. 把步驟 1 和調溫好的 36% 牛奶巧克力混合拌勻，倒在大理石桌面降溫至 23℃，鏟進碗中。
3. 倒入 110 克的焦糖椰肉，混合拌勻。
4. 再倒入事先準備好的框架中，將表面抹平，靜置至表面凝結。
5. 在壓克力框架底部擠上葡萄糖漿，整齊的黏到原有的框架上，按壓結實。
6. 倒入百香果甘納許，將表面抹平，放入冰箱冷凍 10 分鐘，再包上保鮮膜，放入室溫靜置 24 小時。
7. 取下框架，在表面抹上一層 0.5 公分調好溫的 70% 黑巧克力，靜置至表面凝結。
8. 加熱刀具，將步驟 7 切成 2 公分 ×9 公分的長條形，在上方用圓花嘴擠上一條百香果果凍。
9. 用叉子叉起切好的步驟 8，放入 36% 牛奶巧克力中，使表面全部沾滿巧克力，在從巧克力中撈出，用吹風機冷風吹去表面多餘的巧克力，放到烘焙紙上。
10. 趁巧克力還未凝固時在突起的表面撒上適量焦糖椰肉，靜置約 10 分鐘，待巧克力自然結晶即可。

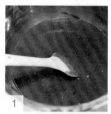

★ MICHELIN ✕ DESSERT ★

百香果果凍
棉花糖

雪白的棉花糖中夾雜酸甜誘人的百香果
果凍，還有精緻的扁桃仁膏裝飾花，光用眼
睛看都會讓人垂涎三尺。每一口都細膩 Q
彈，讓人完全沉浸在浪漫清新的氣息中。

成品製作時間 ▶ 60分鐘（另需要 24 小時用於靜置）
口味描述 ▶ 甜、軟、清爽

百香果果凍

[配方]

百香果果泥 ....450 克
細砂糖 ....300 克
NH 果膠粉 ....6 克

[製作過程]

1. 將百香果果泥倒入鍋中加熱至 50℃，倒入細砂糖和 NH 果膠粉的混合物加熱至 107℃即可。

2. 將步驟 1 倒入盆中，表面貼一層保鮮膜，放入冰箱冷藏靜置一夜，第二天取出，倒入料理機中攪打成膏狀。

3. 將步驟 2 裝入裱花袋中備用。

扁桃仁膏裝飾花

[配方]

扁桃仁粉 ....100 克
細砂糖 ....50 克
轉化糖漿 ....15 克
葡萄糖漿 ....6.5 克
水 ....25 克
糖粉 ....適量
食用黃色色素 ....適量
食用綠色色素 ....適量

[準備]

把扁桃仁粉倒入料理機中打至粉碎。

[製作過程]

1. 將細砂糖、轉化糖漿、葡萄糖漿和水放入鍋中，攪拌均勻加熱至煮滾。

2. 將煮滾後的步驟 1 倒入料理機中，與扁桃仁粉一起攪拌至 85℃即可。

3. 將步驟 2 取出，在表面撒上糖粉，用保鮮膜包好，常溫靜置一夜後使用。

4. 取適量的黃色和綠色色素進行調色，做成嫩綠色的麵團。

5. 在桌面撒上適量糖粉，將麵團擀成約 0.1 公分厚，再放到烘焙紙上，用壓膜壓出小花備用。

棉花糖

[配方]

細砂糖 ....600 克
水 ....225 克
右旋葡萄糖粉 (D-glucose)
..................................195 克
香草莢（雲尼拿條）........2 根
葡萄糖漿 ....195 克
吉利丁粉（魚膠粉）......30 克
水 ....適量
細砂糖 ....適量（裝飾用）

[準備]

①吉利丁粉和水混合，提前泡好。
②在烤盤上放上一張矽膠墊，表面撒上少量的右旋葡萄糖粉，備用。

[製作過程]

1. 將細砂糖、水、右旋葡萄糖粉和切開的香草莢放入鍋中煮開。
2. 葡萄糖漿放入廚師機中，倒入步驟 1 慢速攪拌。
3. 將泡軟的吉利丁加熱融化，加入步驟 2 中，快速打發，降至 35℃。
4. 裝入裱花袋，在準備好的烤盤上擠上直徑約 3.5 公分的圓，室溫靜置一夜。
5. 室溫靜置一夜後，從矽膠墊上取下，放在裝滿細砂糖的盆中，來回翻動，使表面沾滿細砂糖。
6. 擺放在鋪有烘焙紙的烤盤中，取其中一片，並在底部擠上適量的百香果果凍，再蓋上另一片，做成類似馬卡龍的棉花糖。
7. 在表面用調過溫的巧克力將扁桃仁膏裝飾花黏到棉花糖上即可。

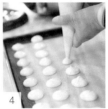

★ MICHELIN ✕ DESSERT ★

芒果&百香果
棉花糖

當水果融入棉花糖中，會發生怎樣
的奇妙口感呢？此款甜點，加入芒果和
百香果，濃郁的水果味在味蕾中舞蹈，
滋味濃郁，回味悠長。

成品製作時間 ▶ 60 分鐘（24 小時用於靜置）

口味描述 ▶ 甜、軟、清爽

[配方]

吉利丁粉 (魚膠粉) ......50 克

水 ....225 克

細砂糖 ....1000 克

水 ....150 克

葡萄糖漿 ....100 克

蛋白 ....130 克

芒果果泥 ....260 克

百香果提取物 ....4 滴

右旋葡萄糖粉 (D-glucose)

....................................適量

細砂糖 .... 適量 (裝飾用)

[準備]

①提前在烤盤上墊上矽膠墊，在矽膠墊上噴上烤盤油，撒上右旋葡萄糖粉。

②將果泥稍微加熱備用。

③吉利丁粉和 225 克的水混合，隔水加熱至液態備用。

[製作過程]

1. 將細砂糖和 150 克水倒入鍋中，中火加熱，倒入葡萄糖漿，攪拌均勻，煮至 126℃。

2. 把蛋白用微波爐稍微加熱至常溫，倒入廚師機中，當步驟 1 煮至 105℃時，開始打發蛋白，打發至硬性發泡後沖入煮好的步驟 1，中速攪拌。

3. 加入液態的吉利丁，中快速攪打至約 50℃。

4. 倒入加熱至 50℃的芒果果泥和百香果提取物，繼續攪打，攪打至 40℃～ 45℃，有黏性的濃稠發泡狀態。

5. 倒入撒有右旋葡萄糖粉的矽膠墊上，用抹刀將表面均勻抹平。

6. 取一張巧克力用膠片，表面噴上脫模油，用廚房紙巾塗抹均勻，緊貼表面蓋上，擠出氣泡，室溫靜置 24 小時後切塊，表面裹上細砂糖即可。

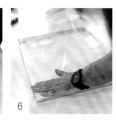

此款甜點就像罌粟開的花朵一樣豔麗奔放，散發著迷人的氣息。覆盆子的加入，剛好綜合了棉花糖的甜膩，既有口感上的碰撞，又有滋味上的調和。

成品製作時間 ▶ 60 分鐘（24 小時用於靜置）
口味描述 ▶ 軟、酸甜、清香

扁桃仁膏裝飾花

[配方]

扁桃仁粉.....................100 克
細砂糖..........................50 克
轉化糖漿......................15 克
葡萄糖漿.....................6.5 克
水..............................25 克
糖粉.............................適量

[準備]

把扁桃仁粉倒入料理機中粉碎。

[製作過程]

1. 將細砂糖、轉化糖漿、葡萄糖漿和水放入糖鍋中，攪拌均勻加熱至煮滾。
2. 將煮滾後的步驟 1 倒入料理機中，與扁桃仁粉一起攪拌至 85°C 即可。
3. 將麵團取出，在表面撒上糖粉，用保鮮膜包好，常溫靜置一夜後使用。桌面撒上糖粉，將麵團擀成約 0.1 公分厚，再放到烘焙紙上，用壓膜壓出小花備用。

棉花糖

[配方]

吉利丁粉（魚膠粉）......50 克
水.............................225 克
細砂糖.....................1000 克
水.............................150 克
葡萄糖漿....................100 克
蛋白............................130 克
覆盆子果泥................260 克
罌粟籽提取物.................4 滴
右旋葡萄糖粉 (D-glucose)
.....................................適量
細砂糖.....1000 克（裝飾用）
食用紅色色素................10 滴

[準備]

①提前在烤盤上墊上矽膠墊，在矽膠墊上噴上烤盤油，表面撒上少量的右旋葡萄糖粉，備用。
②將果泥稍微加熱備用。
③吉利丁粉和 225 克的水混合，隔水加熱至液態備用。
④事先準備 4 套半圓形矽膠模具，在內部噴上烤盤油，備用。

[製作過程]

1. 將細砂糖和 150 克水倒入鍋中，中火加熱，倒入葡糖糖漿，攪拌均勻，煮至 126°C。
2. 把蛋白用微波爐稍微加熱至常溫，倒入廚師機中，當步驟 1 煮至 105°C 時，開始打發蛋白，打發至硬性發泡後沖入煮好的步驟 1，中速攪拌。

3. 加入液態的吉利丁，中快速攪打至約 50℃。

4. 倒入加熱至 50℃的覆盆子果泥和罌粟籽提取物，繼續攪打，攪打至 40℃～ 45℃，有黏性的濃稠發泡狀態。

5. 倒入撒有右旋葡糖糖粉的矽膠墊上，用抹刀將表面均勻抹平。

6. 取一張巧克力用膠片，表面噴上脫模油，用廚房紙巾塗抹均勻，緊貼表面蓋上，擠出氣泡，靜置 24 小時後切塊。

7. 多餘出來的材料擠入塗有脫模油的半圓形矽膠模具中，將表面塗抹平整，室溫靜置一夜。

8. 將步驟 7 的棉花糖脫模和步驟 6 的棉花糖取出，在細砂糖中加入適量紅色色素，在表面沾滿紅色的砂糖，放在網架上。

9. 表面用調過溫的巧克力將扁桃仁膏裝飾花黏到棉花糖上即可。

★ MICHELIN ✕ DESSERT ★

甘草卷

甘草是一種補益的中草藥，此款甜點將甘草運用到糖果中，不但增加了糖果獨特的風味，又對人體有益，營養美味，盡收口中。

成品製作時間 ▶ 40 分鐘（12 小時用於靜置）
口味描述 ▶ 香甜、軟、Q 彈

[配方]

純淨水 .... 320 克
糖蜜 .... 205 克
葡萄糖漿 .... 25 克
甘草粉 .... 22 克
黑蔗糖 .... 90 克
低筋麵粉 .... 80 克
玉米粉 .... 80 克
吉利丁片（魚膠片）...... 15 克
茴香香精 .... 5 滴

[準備]

將吉利丁片泡軟，隔熱水化開至 45℃，具有流動性，備用。

[製作過程]

1. 將純淨水、糖蜜和葡萄糖漿放入鍋中，小火加熱，攪拌均勻，使葡萄糖漿溶解，完全融化後離火。

2. 將黑蔗糖和甘草粉放入粉碎機中攪碎，加入步驟 1 中，攪拌均勻。

3. 加入過篩好的低筋麵粉、玉米粉，攪拌均勻，邊加熱邊攪拌，慢火加熱煮開，待煮至濃稠後換木鏟不停翻拌，煮至黏稠狀。

4. 加入化開的吉利丁和茴香香精，攪拌均勻。

5. 將步驟 4 倒入料理機中，將粗顆粒攪碎，使其更加順滑。

6. 在矽膠墊表面噴適量的脫模油，將步驟 5 填入裝有寬度為 1 公分的平直花嘴的裱花袋中，在矽膠墊上擠出長 45 公分的長條，在表面均勻噴上脫模油，放置冰箱冷藏靜置 12 小時。

7. 取出，切除兩邊多餘部分，將長條捲起即可。

手工糖果是一門與時間賽跑的藝術，運用嫻熟的手藝
和豐富的想像力創作出一款款獨一無二的糖藝品。美味的
糖果背後更多的是 100% 的匠心，與 100% 的努力！

成品製作時間 ▶ 60 分鐘

口味描述 ▶ 硬脆、香甜、清爽。

薄荷香包拉糖糖果夾心

[配方]

細砂糖 ....600 克

純淨水 ....200 克

葡萄糖漿 DE60 ....100 克

酒石酸溶液 (Tartaric acid)

.................................6 滴

巧克力磚...................100 克

[製作過程]

1. 將細砂糖、純淨水和葡萄糖漿倒入鍋中，攪拌均勻，煮至 155℃。

2. 加入酒石酸溶液，攪拌均勻，煮至 160℃。

3. 加入巧克力磚，攪拌均勻，煮至 162 ～ 165℃。將煮好的糖液倒在矽膠墊上，待糖液冷卻至成固體可折疊狀，將糖體滾動成直徑 5 公分的圓柱形，放在糖燈上進行保溫，持續保持糖體柔軟。

薄荷拉糖彩帶包衣

[配方]

細砂糖 ....600 克

純淨水 ....200 克

葡萄糖 ....100 克

酒石酸溶液 ....6 滴

薄荷精華......................適量

水溶性綠色色素 ....適量

[製作過程]

1. 戴上糖藝專用手套，將細砂糖、純淨水和葡萄糖漿倒入鍋中，攪拌均勻，再煮至 155℃。

2. 加入酒石酸溶液，攪拌均勻，煮至 160℃。

3. 加入薄荷精華，攪拌均勻，煮至 162 ～ 165℃。

4. 將步驟 3 平均分成三份，兩份倒入矽膠碗中，待糖液冷卻至成固體可折疊狀，將糖體拉扯折疊至乳白色呈現出光澤，放在糖燈上，保溫備用。

5. 將鍋中剩餘的糖液加入水溶性綠色色素，攪拌均勻，再次加熱，升溫至 165°C，倒在矽膠墊上進行冷卻，待糖液冷卻至成固體可折疊狀，將糖體拉扯折疊至呈現出光澤，放在糖燈上，保溫備用。

6. 將乳白色糖體平均分為兩份，一份用擀麵棍擀壓成厚度均勻的糖皮，大小根據糖果夾心的圓柱形表面積而定，取出糖果夾心，將糖皮均勻的包裹在糖果夾心圓柱形的表面，放到糖燈上進行保溫，持續保持糖體柔軟，防止圓柱變形。

7. 將剩餘的乳白色糖體和綠色糖體分別平均分成兩份，將每份糖體均勻滾動成長度一致，直徑一致的圓柱形，將 4 根均勻圓柱糖體顏色間隔，並排粘連在一起，保持糖體溫度，將糖片用均勻的力道拉扯至 25 公分，保持糖片寬度一致，放到糖燈上。

8. 用剪刀將糖片從中間剪開，將其中一片糖片並排貼到另一片糖片的邊緣處，將介面處按壓平整，將糖片再次拉扯，折疊糖片，使糖片同一側的邊緣粘合在一起，用剪刀將兩側糖片的連接處剪斷，將糖片放置在糖燈上，將彩帶糖片的表面按壓平整。

9. 將糖片包裹在糖果夾心圓柱上，適當拉扯糖片，使糖片完全包覆在糖果夾心上，滾動糖果圓柱，整形成直徑 5 公分的圓柱形。

10. 將糖果圓柱形放置到糖果切割機上，將糖果拉扯成直徑 1 公分的圓柱形，再用剪刀剪成長度為 1 公分的小顆粒，待糖果降溫到室溫，放入包裝袋即可。

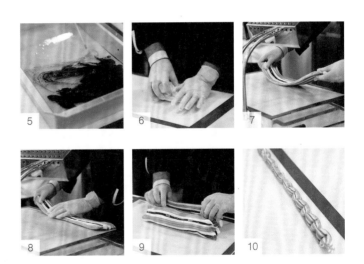

★ MICHELIN ✕ DESSERT ★

榛果
拉糖糖果

　　繽紛的糖果對於眷戀童真的人來說，總有著難以抗拒的吸引力。甜蜜的感覺會被深深記住，此款甜點在拉糖糖果的基礎上加入了占度亞夾心，甜蜜中瞬間又多了份濃郁。

成品製作時間 ▶ 60 分鐘

口味描述 ▶ 硬脆、榛果、香醇

占度亞糖果夾心

[配方]

烤過的榛果 .... 330 克
糖粉 .... 250 克
榛果泥 .... 70 克

[製作過程]

1. 將榛果和糖粉放入料理機中打碎。
2. 加入榛果泥一起攪碎。
3. 混合後保持在 70°C備用。

拉糖彩帶糖果包衣

[配方]

細砂糖 .... 1000 克
純淨水 .... 330 克
葡萄糖漿 .... 150 克
酒石酸 .... 2 克
肉桂香精 .... 8 克
香草莢 (雲尼拿條) .... 2 根
水溶性食用紅色色素 ..... 適量
水溶性食用橘色色素 ..... 適量

[準備]

香草莢取籽。

[製作過程]

1. 戴上糖藝專用手套，將細砂糖、純淨水和葡萄糖漿倒入鍋中，攪拌均勻，再煮至 155°C。
2. 加入酒石酸溶液，攪拌均勻，煮至160°C，加入肉桂香精和香草籽，攪拌均勻，煮至 162 ～ 165°C。
3. 將步驟 2 平均分成三份，取其中兩份倒入矽膠碗中，待糖液冷卻至成固體可折疊狀，將糖體拉扯折疊至乳白色呈現出光澤，放在糖燈上，保溫備用。

4. 將鍋中剩餘的糖液平均分成兩份，分別倒入兩個矽膠碗中，一個加入水溶性紅色色素，另一個加入水溶性橘色色素，攪拌均勻，放入微波爐加熱，升溫至165℃，倒在矽膠墊上進行冷卻，待糖液冷卻至成固體可折疊狀，將糖體拉扯折疊至呈現光澤，放在糖燈上，保溫備用。

5. 將乳白色糖體平均分為兩份，一份用擀麵棍擀壓成厚度均勻的糖皮，大小約20公分×30公分，中間均勻抹上占度亞糖果夾心，將糖皮捲起形成一根直徑為5公分的圓柱形，將沒有夾心的糖體粘連在一起，防止糖體漏出，放在糖燈上進行保溫，持續保持糖體柔軟，防止圓柱變形。

6. 將剩餘的乳白色糖體分別平均分成兩份，紅色和橘色糖體分別均勻滾動成長度一致，直徑一致的圓柱形。

7. 將5根圓柱糖體顏色間隔，並排粘連在一起，保持糖體質地適中，將糖片用均勻的力道拉扯至25公分，保持糖片寬度一致，放到糖燈上。

8. 用剪刀將糖片從中間剪開，將其中一片糖片並排貼到另一片糖片的邊緣處，將介面處按壓平整。

9. 將糖片再次拉扯，折疊糖片，使糖片同一側的邊緣黏合在一起，用剪刀將兩側糖片的連接處剪斷，將糖片放置在糖燈上，將彩帶糖片的表面按壓平整。

10. 將糖片包裹在糖果夾心圓柱上，適當拉扯糖片，使糖片完全包覆在糖果夾心上，滾動糖果圓柱，整形成直徑5公分的圓柱形。

11. 將糖果圓柱形放置到糖果切割機上，將糖果拉扯成直徑1公分的圓柱形，再用剪刀剪成長度為1公分的小顆粒，待糖果降溫到室溫，放入包裝袋即可。

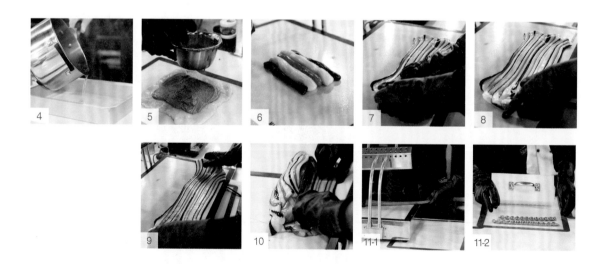

INDEX

Dessert of Michelin Chefs

小蛋糕
Small cake

 16
 19
 26
 29

 33
 38
 42
 46
 52

 56
 59
 63
 67
 71

 76
 81
 86
 91

大蛋糕
Big cake

 96
 101
 106
 111

Dessert of Michelin Chefs

116   122   130   133   137

140   145   147   151   156

巧克力 & 糖果
Chocolate & Candy

166   168   172   176

180   184   188   191   194

196   199   201   204